品成

阅读经典 品味成长

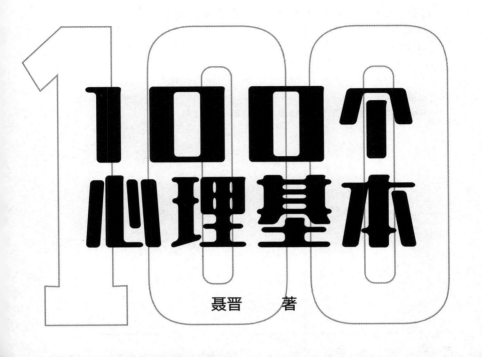

100个心理基本

聂晋　著

人民邮电出版社

北京

图书在版编目（CIP）数据

100个心理基本 / 聂晋著. -- 北京：人民邮电出版
社，2024.2
ISBN 978-7-115-63766-6

Ⅰ. ①1… Ⅱ. ①聂… Ⅲ. ①心理学－通俗读物
Ⅳ. ①B84-49
中国国家版本馆CIP数据核字(2024)第019911号

◆ 著　　　　聂　晋
　责任编辑　马晓娜
　责任印制　陈　犇

◆ 人民邮电出版社出版发行　　北京市丰台区成寿寺路 11 号
　邮编 100164　　电子邮件 315@ptpress.com.cn
　网址 https://www.ptpress.com.cn
　三河市中晟雅豪印务有限公司印刷

◆ 开本：880×1230　1/32
　印张：9　　　　　　　　2024 年 2 月第 1 版
　字数：126 千字　　　　2024 年 2 月河北第 1 次印刷

定价：59.80 元

读者服务热线：（010）81055671　印装质量热线：（010）81055316
反盗版热线：（010）81055315
广告经营许可证：京东市监广登字 20170147 号

写在前面的话

　　翻开这本书的朋友，你好。我想在你正式阅读这本书之前，先跟你简单介绍一下。这本书的字数并不多，但它极有可能改变你的很多认知，所以我希望你可以耐心把它读完。我用简练的语言讲述了 100 个与心理学相关的知识点，其中包含了自我、情绪、性格、关系、社交、处世等诸多内容。

　　也许你会问："为什么我要学习心理学？"我想，在生活中，你常常会产生很多疑问，比如"为什么他会这样做？""他这么做是出于什么动机？""他下一步想干什么？"……而学习心理学恰恰可以回答这些问题。人所处的社会是由大量独特的个体组成的，每个人面对同一事件会出现不同的情绪反应，也会产生不同的见解。你之所以不理解、不能预测他人的行为，是因为你不了解其心理过程。如果你想理解和预测一个人的行为，就要对他的人格和成长经历有基本的了解，以此为基础，更深入地分析他当下的选择和行动。

心理学还可以帮助你提升自己的内在。很多人只会根据事物发展的规律进行经验总结，这样做虽然可以在一定程度上对事物的发展有预测能力，但如果不了解事物的底层逻辑，只通过表面现象推测结果，那么就会出现很多他们无法理解、超出他们认知的事情。所以，面对这个纷繁复杂的世界，正确的应对方式是了解事物的底层逻辑，通晓原理，提升自己思维和行为的灵活性。

这本书并不想给你灌输死板的人生信条，告诉你如何做是对，如何做是错。因为从心理学的角度来看，有些人生信条往往反映的是一些固化的思维定式，不辩证地思考就相信它们不一定会指引你朝着正确的方向奔跑。我想通过这本书告诉你的是，每个人的内在都蕴藏着巨大的潜力，而心理状态可能会影响潜力的激发。当你的心理状态发生变化时，潜力被激发的程度也会发生改变。你需要做的是，充分认识自己的潜力，并保证自己的心理状态能最大限度地促进潜力的激发。

我平常不喜欢看冗长的文字，所以我在这本书的文字表达方面下了一些功夫，希望能让你用最短的时间收获最有意义的心理学知识。这里所说的"最有意义的心理学知识"，是指那些最有可能改变你的认知和行为，进而影响你的人生的知识。此外，我还请插画师在书中的一些章节里绘制了有趣的插画，来帮助你理解和记忆这些知识。

希望读到这本书的你可以享受一段美好且能使自己精进的阅读时光。

目　录

第一章　自我与认知的心理基本

第二章　情绪与性格的心理基本

第三章　社交与关系的心理基本

第四章　处世与行事的心理基本

第五章　活好与自在的心理基本

第一章

自我与认知的心理基本

001

成长的关键，是让自我诞生

什么是自我？我认为一个人有自我的表现是重视自己的感受，能够了解自身意识、控制自身欲望，坚持自己的兴趣，既不做事事顾全别人而忽视自己的老好人，也不做随意控制别人的人，能够平衡内心的我与现实的我的关系，不矛盾，不纠结，有自己独立的人格意识。

大多数人痛苦的根源都在于尚未形成自我，要么迎合别人成为老好人，要么控制别人成为高自恋者。也就是说，这些人不能独立地好好生活，总是要依赖别人或者被别人依赖。这样的人注定是痛苦的。

相反，那些活得轻松、快乐、幸福、自在的人心中都有一个强大的自我，他们知道"我"才是主角，他们具有独立的人格意识，不依赖他人，亦不被他人依赖。

苏格拉底曾说过："认识你自己。"千百年来，人们一直在做这件事，但是想要成功做到却很不容易。当我们不因别人的评价轻易动摇对自己的"确信"时，当我们清楚自己和他人的边界时，当我们学会承担相应的责任时，真正的"自我"才会诞生，我们才有可能由衷地在生活中感到喜悦。

让自我诞生，继而形成强大的自我，这是成长的关键，也是力量的源泉。

002

别人怎么对你，都是你自找的

心理学家克莱因（Klein）曾提出一个概念叫"投射性认同"。所谓"投射性认同"，就是一个人在认定他人应该怎样对自己后，就会把这种认定的方式投射到对方身上，如果对方认同了，并真的以这个人认定的方式来对待他，对方就会变成这个人所期待的样子。

实际上，其他人怎样对我们，取决于我们投射给对方的角色，对方会无意识扮演我们投射给他的角色，并以我们潜意识中期望的方式来对待我们。

我举一个例子来说明投射性认同：一个姑娘从小认为

全天下的男人都有家暴倾向，而她后来的两段婚姻也果然都以家暴告终。之后她精挑细选，找了一位她认为完全没有暴力倾向的丈夫，结果她的这位丈夫跟她在一起后也慢慢出现了暴力倾向，然后她说："你看，你果然也露出狐狸尾巴了，全天下的男人都不是好东西！"其实，在这个案例中是这个姑娘下意识地诱导丈夫对她进行了家暴，她充当了投射者的角色，而她的丈夫则充当了认同者的角色。这种投射性认同的心理机制，双方都很难察觉，因为它完全是在潜意识层面进行的。

投射性认同并不罕见，有四种常见类型，分别是权力的投射性认同、依赖的投射性认同、迎合的投射性认同和情欲的投射性认同。严重陷在投射性认同中的人，会执着地使用自己的一套关系逻辑。这套关系逻辑最初是在原生家庭中形成的，源于一个人和父母或其他抚养者建立关系的方式。在孩子长大后，这套关系逻辑会内化成其内在关系逻辑，影响这个人外在关系模式的形成。当他想和别人靠近时，他就会自动"启动"这种内在关系逻辑。也就是说，每个成年人原生家庭的外在笼子虽然不见了，但内在还有一个笼子。一个人只有了解自己的内在关系逻辑，才能走向更广阔的世界。

003

人与人的最大差距，在思维方式

我们每个人的思维方式都存在一定程度的错误或扭曲，认知疗法能够帮助我们改变错误或扭曲的思维方式，从而建立正确的认知。许多人都有一些固执的想法，比如"我就是一个失败的人，这就是事实，我怎么能不抑郁？""我面前就是有诸多困难啊，这怎么能让我不焦虑呢？""我就是病了，我就是受到伤害了，我怎么可能想得开呢？"他们坚信自己的所思所想就是事实，并会因为这些想法而掉入情绪旋涡。

认知疗法能够帮助我们明白，决定我们感受或情绪的是想法和心态，而非外部事件。所以当负面情绪出现时，我们不应该抱怨或绝望，而是应该学会改变自己看待事物的认知。

下面是心理学家总结出的十大错误或扭曲的思维方式。

1. 非此即彼

认为这个世界上的事非黑即白，只要有一点不完美，便是100%的失败。比如，一位正在减肥的姑娘吃了一勺冰激凌，便认为瘦身计划完全失败。

2. 以偏概全

只要出现一个负面事件，就认定自己会永久失败。例如，在遭遇事业困境时，便用偏激的字眼来评价自己。

3. 心理过滤

习惯于从一个事件中单单挑出一个负面细节反复回味，然后觉得整个世界都是阴暗的。比如，一个女孩的领导温和地批评了她几句，在接下来的几天里，她反复琢磨这几句话，对所有的正面评价充耳不闻。

4. 否定正面体验

习惯于对正面体验一概否定。比如一个人出色地完成了一项任务，但他认为"我做得还不够好"或者"任何人都能把这个任务做好"。

5. 妄下结论

常用消极的眼光看待问题，尽管没有任何事实支持自己的结论，但对自己的想法深信不疑。比如一个人武断地认为同事肯定瞧不起自己。

6. 放大和缩小

倾向于放大问题的消极方面或者缩小积极方面。

7. 情绪化推理

认为自己出现了负面情绪，就足以证明事实是糟糕的。例如，一个人害怕坐飞机，那么他断定坐飞机肯定是危险的。

8. 应该句式

告诉自己事情应该如自己所期望的一样，"必须""应当""一定"都是口头禅。

9. 乱贴标签

习惯给自己贴上一个负面标签，比如"我就是个废物""我就是个傻瓜"等。贴标签除了引发愤怒、焦虑、沮丧和自卑之外，没有任何用处。

10. 罪责归己和罪责归人

把一件自己无法控制结果的事情产生的责任全部揽到自己头上或总是把问题归咎于别人和所处的环境。

以上这十种错误或扭曲的思维方式给我们带来的启示有三条。

1. 造就情绪的是思维方式和想法，并非外部事件。

2. 特定的负面思维方式会造就特定的负面情绪。

3. 导致负面情绪的思维方式，虽然看似合理，但它们往往是错误和扭曲的。

如果我们能够意识到这些错误或扭曲的思维方式，并刻意去规避，那就相当于在心里安装了一个情绪按钮，一旦自己出现负面情绪，马上就可以觉察出思维或想法方面的不合理，进而改变认知，调整情绪。

004

只要你相信，万事皆可能

一个女孩因为失眠去看心理医生，医生为她诊断之后，就拿了一片药给她，并告诉她这是治疗失眠全球最好的特效药，女孩深信不疑。女孩服药后，果然安睡了一整夜，此后，女孩每晚睡觉前都会吃一片药。

有一天，医生突然对女孩说："你已经痊愈了，不需要再吃药。"女孩半信半疑。不出所料，这一天夜里女孩又失眠了，于是她再次找到医生，要求开特效药。医生告诉她："其实只有第一天的药是有效的，并且那也只是普通的安眠药，之后我每天给你开的都是维生素片，你的失眠并不是生理原因导致的，而是心理原因，所以我说你已经痊愈了。"自此女孩便不再失眠。

这就是众所周知的"安慰剂效应"。安慰剂效应是指病人因坚信治疗有效，即便为其提供无效的治疗，其症状也会得到缓解的现象。在心理咨询中，安慰剂可以是替代性药物，也可以是咨询师给予的言语抚慰、非言语暗示等。

在生活中，有类人尤其易受"安慰剂效应"的影响，

特
效
药

他们自信心不足，依赖性强，渴望归属，容易受暗示。如果你属于这类人，那么你可以利用安慰剂效应给自己积极的暗示，比如多向自己说自我肯定式的话语，用记日记的形式对自己进行"优点轰炸"等。

005

你缺的是"我配"的勇气

心理学中有个概念叫"冒充者综合征"。这类人总认为自己是凭运气才能有现在的成就的，认为自己其实是个能力有限、没什么本事的冒牌货，总是害怕别人有朝一日发现自己是个名不副实的"骗子"，害怕自己在工作或考试的时候会暴露自己，并因此陷入焦虑和恐惧之中。

冒充者综合征会严重影响人事业的发展和对机会的把握。首先，患有冒名顶替综合征的人往往具有完美主义倾向，凡事力求完美，因而经常会因自己的表现不够完美而担心和焦虑，长此以往，他们就容易陷入焦虑不安的情绪状态里；其次，当事情走向达不到自己的预期时，他们会陷入自责，出现"错误沉思"，反思自己做错和做得欠妥的地方。这种思维容易引起个体长时间的精神内耗，从而严重影响做事效率。当有机会降临时，他们常因害怕被拆穿而错失良机。

如果你也有这种心理特征，请始终记住，你并不是唯一一个有"冒充者综合征"的人。"冒充者综合征"其实非常普遍，心理学家发现，70％的人曾被"冒充者综合征"困扰，"我没有那么好"似乎成为他们的"心魔"。

与其他心理问题一样，要想对抗"冒充者综合征"，认知调整始终是最重要的一步。患有"冒充者综合征"的人往往会习惯性地以各种理由否定正面体验，他们会对自己说"这不是我的功劳，我只是运气好罢了"。这种心理让他们屡屡错失机会，所以，如果能看到自己的优秀，并对自己的不足多些包容，他们才能变得越来越有底气。

患有"冒名顶替综合征"的人都有较为严重的自卑感。如果你也是这种人，你要学着用羡慕别人的眼光来欣赏自己，并坦然接受他人的赞美，学着去爱上努力又独特的自己。相信自己，你配得上一切的美好。

006

你的记忆可以被操纵

你是否有过这样的经历，明明大脑中清晰地记得在很久以前发生过的一件事，可是当你对其他人描述这件事情时，其他人的记忆虽与你相同，但真实历史却并非如此？

2023 年的电影《消失的她》中，男主角何非通过坐在酒吧亮眼的位置、上台喝酒、从厕所出来时故意与人发生冲突等行为，给酒吧的老板和顾客制造了一种自己一整晚都在酒吧的记忆错觉，从而为自己杀害妻子李木子提供了不在场证明。而李木子的闺密陈麦为了戳穿何非的诡计，通过让假李木子频繁地跟在何非身后出现等行为来刻意干

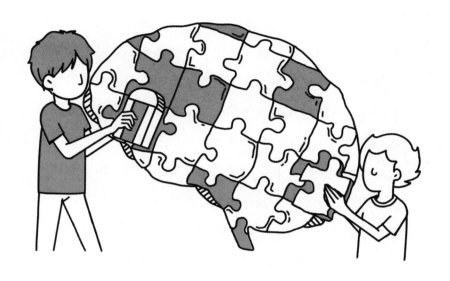

扰酒店服务员的记忆，引导酒店服务员将假李木子认定为何非的太太。这样的犯罪手法和诱导手法，都是对著名的心理学效应的运用，即曼德拉效应。

曼德拉效应是指大众的集体记忆与历史不符的一种心理现象。曼德拉是前南非总统，为争取黑色人种在政治上的平等，曾多次入狱，长达 27 年。这个效应之所以用他的名字命名，是因为曾有一位超自然现象研究者发现了一个奇怪的现象。在她的记忆中，曼德拉早在 1980 年就已经在狱中病逝了，她甚至还能回忆起曼德拉去世时的新闻报道以及他妻子声泪俱下的演讲。但直到 2013 年曼德拉真正去世的消息发布之后，世界各地的人们才发现他们关于曼德拉的记忆都出现了混乱。许多互不相识的人都回忆称，曼德拉早在 1980 年就已经在狱中病逝。此说法与那位超自然现象研究者脑海中的记忆如出一辙，甚至有些人还声称看过纪念曼德拉的电影，神奇的是，他们说出的电影名字和内容也大体一致。然而，这样的影片从未拍摄过。

2021 年，芝加哥大学的两名研究人员对于曼德拉效应进行了正式研究。实验人员通过让参与者观察图标，然后在三张相似的图标中选择刚刚看到的图标，来测试曼德拉效应是否真实存在。

经过测试，实验人员发现，在用来测试的 40 组图标中，其中有 7 组图标参与者选择的出错率极高，而且所有参与者选出来的都是同一个错误答案，并且参与者坚信自己的选择是正确的。经过这项测试，实验人员认定，这种视觉上的曼德拉效应（对特定图标共享错误记忆）是真实存在的。随后，实验人员让参与者根据他们的记忆画下之前观察的图标，参与者的画中也出现了同样的错误特征。

事实上，我们所处的环境会因为各种原因误导我们产生错误的记忆，这与我们的大脑对事物和记忆的处理方式有着一定的关联性。当外部世界的一些客体引发我们的关注时，有意识的感知就产生了，而我们对外界事物的感知，其实是对现实的一种重构，已经不再是现实本身了，所以在这个过程中出现偏差并非偶然事件，而是必然事件。

其实我们身边也常见曼德拉效应。比如，《爱我中华》的歌词中是"56个星座，56枝花"，还是"56个民族，56朵花"？答案是"56个星座，56枝花"；米老鼠穿的是背带裤还是短裤？其实是短裤，并没有背带；1986年版的《西游记》中是否有羊力大仙下油锅的片段？其实并没有。

007

提高自控力的最好方法

自控力不足怎么办？心理学家凯利·麦格尼格尔（Kelly McGonigal）通过研究人类大脑意识，提出了一个提高自控力的有效方法：冥想训练。

冥想训练的方法是闭上眼睛，让注意力集中在呼吸上。当你开始走神的时候，重新集中注意力。冥想可以极大地提升自控能力，帮助你掌控自己的行为。

怎么做？定一个 5~15 分钟的闹钟，找个安静的地方坐下来，闭上眼睛，认真感受自己的呼吸。

很多年龄较小的孩子都很难进入安静状态，很多成年

人拿起手机就放不下。冥想训练作为一种老少皆宜的放松

活动，不仅可以使我们的自控力得到提高，还会让我们的

情绪更加平和。

008

改变人生脚本，从觉知开始

○

　　"人生脚本"这个理论是由美国心理学家艾瑞克·伯恩(Eric Berne)提出的。他认为每个人在童年时期都拥有一个"人生脚本"，就像剧本一样，会有开端、展开、高潮和尾声，对个体未来的一生都产生重要影响。

　　伯恩在其著作《人生脚本》的开篇，就问了一个极为深刻的问题："说完'你好'后，你会说什么？"在伯恩看来，接下来人无论说什么、做什么都取决于自己的脚本。也就是说，我们现在所经历的一切都与我们的人生脚本有关，怎样展开一段关系、会与什么样的人成为朋友……都受人生脚本的影响。

　　人生脚本是我们在生命初期父母为我们绘制的，后续在与父母相处的过程中，他们还会不断强化这一脚本。虽然伯恩认为我们每个人在生命初期都拥有了属于自己的人生脚本，在不觉知的情况下很难逃脱脚本的束缚，但还是有一些人逃脱了脚本的束缚，走向了自由，这源于这些人有着比一般人更强的觉知力。

　　觉知，是改变和治愈的关键，要想逃脱脚本的束缚，就要先觉知自己的脚本，所以在改写脚本之前，我们要做的第一步就是认识自己，了解自己的经历，从线索中分析自己有着怎样的人生脚本，这是改变命运的必经之路。

009

不要在不知不觉间给自己设限

动物园里有一只小象，小象还很小的时候就被管理员用一根绳索拴住了。小象向往无拘无束的生活，所以它拼命挣扎，但腿被绳索磨得鲜血淋漓也没能挣断绳索，于是小象就放弃了。小象在动物园里慢慢长大。后来动物园里发生了一场大火，小象被活活烧死在拴它的柱子旁。

其实长大后的小象完全可以挣断绳索，但它却被过去失败的经验限制住了，放弃了逃跑，这就是所谓的习得性无助。

习得性无助是由美国心理学家马丁·塞利格曼（Martin

Seligman）于 1967 年在研究动物时提出的，是指通过学习形成的一种对现实的无望和无可奈何的心理状态。这种无助感是"习"得的，不是天生的，是经过无数次的打击以后慢慢形成的一种消极的心理现象。

　　每个孩子天生都是积极的、喜欢尝试的，从他睁开眼睛那一刻起，就开始到处看；当他能自己移动时，就开始到处爬、到处摸，开始与这个世界互动。但如果他的每一个动作、每一次尝试都被否定，被严厉地批评，久而久之他就学会了这种"批评"，并在大脑中对自己的行为进行否定，继而否定自己的一切。对孩子进行批评或许会让他如父母所愿变成一个"乖"孩子，哪儿也不碰，什么也不摸，但是"自卑"和"缺乏主见"也被根深蒂固地种在了他的性格中，习得性无助会在漫长岁月中影响他的发展。

同样，如果一个成年人在工作上总是失败、不顺，他就有可能对自身能力产生怀疑，觉得自己"这也不行，那也不行"，无可救药，甚至自暴自弃。

而事实上，此时此刻的他已经进入了习得性无助的心理状态。这种心理状态让人自设樊篱，对失败的内归因让其放弃继续尝试的勇气和信心，继而破罐子破摔。

每个人都会经历失败，甚至是连续的失败。在经历连续的失败后，我们必须要时刻警惕自己是否已经掉入了习得性无助的陷阱。失败不可怕，绝望才可怕。我们必须学会客观理性地为我们的成功和失败进行正确归因。无论身陷何种境地，请不要绝望，请不要放弃自己。

010

别被直觉误导

苏联社会心理学家包达列夫（Bodalev）做过这样一个实验，他将一个人的照片分别发给两组被试，这个人的特征是眼睛深凹，下巴外翘。他向两组被试分别介绍情况，给甲组被试介绍情况时，他说："此人是个罪犯。"给乙组被试介绍情况时，他说："此人是位著名学者。"然后，请两组被试分别对此人的特征进行描述。甲组被试认为，此人眼睛深凹，表明他凶狠、狡猾，下巴外翘反映其顽固不化的性格；乙组被试认为，此人眼睛深凹，表明他具有深邃的思想，下巴外翘反映他具有探索真理的顽强精神。

为什么两组被试对同一人的面部特征做出的描述竟有如此大的差异？

原因很简单，当我们观察一件事情或者解读一种现象时，我们的直觉会率先做出判断，然后大脑会下意识地寻找证据来佐证自己的判断并逐渐形成一套有理有据且自洽的结论，最终甚至可能发展成一套可执行的方法论。

但这个时候我们通常会忽略一点。实际上这个世界上大部分事物的复杂性都远远超出我们的想象，由于我们掌握的信息量极其有限，而且其中少不了大量误导信息的存在，所以我们大多数人的决策正确率一般不高。

那到底该如何提升决策正确率呢？大多数人对事物的决策正确率会随着阅历的增加而提升，当然大量的阅读也是提升决策正确率的一个途径。我们见到很多人高举读书无用论的旗帜大肆宣扬，这种言论绝对是一种误导，大量的阅读是一定可以提高我们对事物的判断能力的。

011

拖延症是一种情绪上的问题

你是否常常发现自己会将任务无声地推迟，拖到最后一刻才开始着手？你是否经常责备自己懒惰，却无法改正拖延的习惯？让我们一同揭开拖延背后的秘密，了解拖延症这种看似懒惰的行为表现背后涉及的复杂情绪问题。

拖延症实际上是一种情绪上的问题，源于我们内心的恐惧和焦虑。对许多人来说，拖延是一种逃避不愉快情绪和压力的方式。当我们面对困难或者产生自我怀疑时，拖延可以给我们一种虚假的安慰，为我们提供临时的避风港。

拖延背后的情绪问题多种多样。有些人拖延是因为对任务恐惧，担心自己无法胜任或者害怕失败；有些人是因为完美主义倾向，因害怕做不好而宁愿不去做；还有一些人可能是出于自我怀疑，缺乏自信，不敢去面对挑战和评价。

但是，拖延并不能解决我们的情绪问题，反而会进一步加重我们的负面情绪。随着任务期限的逼近，我们会倍感压力和不安。同时，拖延行为还会削弱我们的自尊心和自我效能感，让我们感到无能。

要想从根本上告别拖延，我们需要开始正视和处理自己内心的情绪问题。首先，我们需要认识到拖延不是懒惰的表现，而是一种应对情绪的方式。我们要培养积极的应对策略，直面困难和压力。其次，制订清晰的目标和计划，将任务分解成小的可行步骤，以提高效率，减轻压力。再次，积极寻求朋友、家人或专业人士的支持和帮助。

拖延症不是无法逾越的障碍。通过理解和处理拖延背后的情绪问题，释放内心的情绪负担，改善对时间的管理方式，我们可以越来越从容、自信地面对生活中的各种挑战，迎来更加充实、有成就感和幸福感的人生。

012

你我都习惯于苛责别人，宽容自己

在观察他人行为时，我们常常会把他人做出某种行为归因于性格，而忽略外部因素；对自己的行为进行分析时则恰恰相反，常常认为我们出现某种行为是外部环境所致，而忽略自身问题。比如我们与伴侣吵架后，往往会觉得自己生气是因为伴侣，而伴侣生气却是因为脾气不好。这种双重归因倾向，被称为"基本归因错误"，它是弗里茨·海德（Fritz Heider）在研究了人们如何解释他人行为后提出的。

实际上，大多数人都会犯这种错误，因为人是具有多面性的，我们都在不同场景中扮演着不同的角色。例如，儿子在家里总是不爱说话，也不爱和父母交谈。家里有客人来的时候，儿子总是回避。父亲看到儿子总是这样，觉得儿子性格太过内向（性格归因），所以通过各种方式希望能改变儿子的性格。但他不知道的是，儿子在外面和其他伙伴玩的时候特别开朗，和伙伴一天说的话比在家里和父母一个星期说的话都多。而父亲在公司领导面前也不爱说话，也有回避领导的倾向。父亲的领导同样认为父亲是一个内向的人（性格归因），而父亲认为是领导过于严厉，说错话就会被批评，所以自己不愿意讲话。

归因方式对现实生活的影响是很大的，如果我们的归因总是出现偏差，那么我们解决问题的方式也会出现偏差，就有可能引起许许多多的误会。

013

在抱持关系中长大的人更独立

真正能让孩子身心健康发展的育儿观到底是怎样的呢？英国精神分析学家温尼科特（Winnicott）摸索出一套关于儿童心理的理解体系。他发现，如果一个孩子是在抱持性环境中长大的，那么这个孩子会更自信、勇敢。

"抱持"是温尼科特提出的概念，表面的意思是父母用双臂环绕婴儿，将婴儿抱起，这时婴儿会产生安全感。后来，"抱持"这个概念被延伸到了更多的层面。孩子在不同的阶段所需要的抱持性环境也不同，这就意味着父母需要给予的养育方式也不同。温尼科特认为，从我们生命的

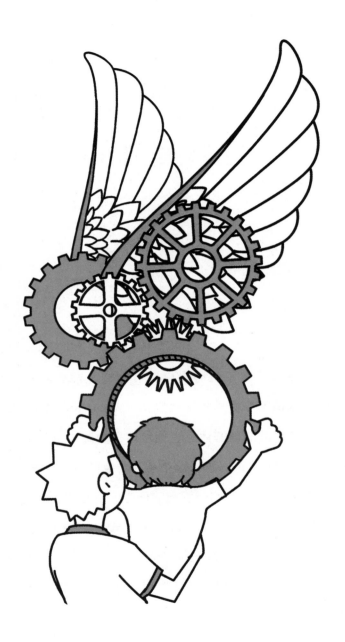

第一刻到生命的最后一刻，都需要被抱持，否则我们就会"摔下来"。缺少抱持体验的个体，在长大后会缺乏一种踏实感，很难拥有独立且成熟的人格。

那么，该如何营造这种抱持性环境呢？

孩子 0~3 岁，是情绪与自我意识发展的关键时期，所以这个时候就需要父母经常用双臂环绕孩子，给予孩子安全感，并及时给予孩子鼓励和认同。在孩子遭受挫折时，帮助他、支持他，不贬低、不评价、不限制，总之，要给孩子一种感觉：无论你是好还是坏，我都相信你；即使你陷入困境，我也愿意帮助你。简单地说，就是支持孩子按照自己的意愿表达与发展，让孩子成为他自己，而不是父母想要他成为的样子。

3~6 岁，是孩子养成规则意识的重要阶段。这个阶段的孩子会跟父母产生心理冲突，他们的自主意识会变得更加强烈。那这个时候应该怎么办呢？父母需要培养孩子的自律性。

理论上，在抱持性环境下成长的孩子，6 岁以后就已经学会了"自我抱持"。父母如果能成功地为孩子塑造一个良好的内在心理环境，那么即使孩子在以后的生活中遇到挫折，也可以不断从内在汲取能量，拥有健康、成熟、乐观的心态。

014

洞察人性，过通透生活

个体心理学创始人阿尔弗雷德·阿德勒（Alfred Adler）认为，人性是一个人的诉求，不同的诉求导致人出现不同的行为。比如，我们努力工作赚钱，表面上是为了买房、买车，但实际上是为了提升我们的生活质量和幸福感。这种存在于买房、买车背后的隐藏动机，就可以被称为人的诉求。

在心理学中，一个人的诉求还分为表面诉求和根本诉求，表面诉求往往只停留在对行为的表层解释，而隐藏在行为之后的根本诉求，才称得上是人性。

阿德勒认为人的根本诉求，跟他的早期经历有着千丝万缕的关系。所以，我们生命中的最初记忆，对我们来说有着非常重大的意义。

举个例子，有一个青年男人，事业发展得很不错，却总是担忧未来，非常悲观，于是他接受了心理治疗。他对着心理咨询师满脸愁容地抱怨了一番，说自己觉得生活一点儿意思也没有，对未来也毫无信心。虽然他马上就要和未婚妻结婚了，但这件事也没有让他的心情好转。他反复确定自己的未婚妻是否真的爱自己，对她变得极为刻薄。实际上，在其他人眼里他的未婚妻是一个非常优秀的人，对他也十分体贴，但他却丝毫感觉不到对方的爱。

在咨询后，心理咨询师发现这个男人对童年时期的一件事记忆深刻：一天晚上他与哥哥因为争抢一袋饼干而吵架，结果因为他的喊叫声太大，吵到了父亲，父亲一怒之下把饼干给了哥哥，并把他关进柜子里，任由他大声地哭嚎也不理睬。不知道过了多久，有人打开了柜子，他泪流满面地从里面爬了出来。当时他并不知道父亲为什么这样做，便将这一切解释为哥哥比自己重要，父亲更爱哥哥。

他记得那一天父亲没有听他做任何解释，而是直接对

他进行了惩罚，这使他认为自己是不值得被爱的，所以他一直以来的根本诉求是得到他人的认可，被他人接受。然而，他的内心却坚信真正的自己不可能被他人接受，他认为当一个人真正了解了他之后，就会离开他。于是他就开始进行各种试探，反复确定对方是否真的不会离开自己，这也就造成了他与未婚妻之间的矛盾。

我们每个人都会经历这样或那样的事情，使我们开心、大笑、活力满满，或者愤怒、哭泣、丧失信心，但正是因为这些经历，我们才能散发出独特的个人魅力。

此外，我们需要明白一点，我们并不是专业的心理从业者，在洞察人性的过程中，因为缺乏足够的专业知识和经验，我们很难得出完全正确的结果，所以不要贸然尝试评价别人或者改变别人。每个人之所以有不同的性格，都是复杂的成长环境造成的。我们学习洞察人性的方法，最终的目的并不是为了改变别人，而是为了改善自己的行为习惯，进行自我调节，让自己变得更加乐观、坚强、平和。

015

懂得"得寸进尺"，才能实现目标

8

　　1966 年，美国心理学家曾做过一个实验：研究者随机找了一组家庭主妇，要求她们将一块小招牌挂在自己家的窗户上，这些家庭主妇愉快地同意了。过了一段时间，研究者再次找到这组家庭主妇，要求她们将一块大且不太美观的招牌放在自己家的庭院里，结果有超过半数的家庭主妇同意了。与此同时，研究者还随机找了另一组家庭主妇，直接要求她们将大且不太美观的招牌放在庭院里，结果只有不足 20% 的家庭主妇同意。这个研究说明，一个人一旦接受了他人的一个微不足道的要求，就有可能接受更大的

要求。这就是心理学中的"登门槛效应"。

基于登门槛效应我们发现，人们通常不愿意接受较难完成的任务，因为费时费力又容易失败。相反，人们乐于接受较容易完成的任务，在完成了较容易完成的任务后，才愿意接受较难完成的任务。比如，教师在对待学习上有困难的学生时，可以先提出一个小任务、小要求，待学生达成后，再向其提出更高的要求。

但有时候我们也要警惕这种效应，如果我们一次次爽快答应他人的要求，有可能会让对方得寸进尺。

016

不要让人生被鸟笼困住

你有没有发现，当你偶然获得一件原本不需要的物品时，你会继续添加更多与之相关但其实自己并不需要的东西？这就是心理学中的"鸟笼效应"。

鸟笼效应源自詹姆斯教授和好友物理学家卡尔森打的一个赌。一天，詹姆斯告诉卡尔森："我一定会让你在不久之后就养上一只鸟的。"卡尔森不以为然地说："我不信！"过了几日，卡尔森过生日，詹姆斯送来了一只精致的鸟笼作为礼物。心领神会的卡尔森笑了："我只当它是一件漂亮的工艺品，你就别费劲了！"然而，此后每逢有客人来访，看到桌上的鸟笼，都会问卡尔森："教授，您养的鸟什么时候死了？"卡尔森只好一次次地向客人解释："我从来就没有养过鸟。"但大多数客人并不相信，最后，卡尔森只好买了一只鸟。詹姆斯的"预言"实现了。

即使卡尔森长期对着空鸟笼并不感觉别扭，但每次来

访的客人都会很惊讶地问他这个空鸟笼是怎么回事，或者把诡异的目光投向空鸟笼。一来二去，卡尔森终忍受不了每次都要解释的麻烦，只能选择丢掉鸟笼或者买只鸟回来与之相配。

经济学家解释说，这是因为买一只鸟比解释为什么有一只空鸟笼要简单得多。即使没有人来问，或者不需要加以解释，空鸟笼也会给人带来心理上的压力，使其主动去买一只鸟与笼子相配。

017

为自己辩护，是人性的弱点

我们常常发现，生活中有些无视规则、提出无理要求的人，最后在被谴责时，仍会表现出强势的一面。难道他们真的不觉得自己错了吗？

其实，人在犯错后，出于保护自己的本能，通常会选择为自己辩护。因为错误导致的结果会给人带来懊悔、内疚、自责、失望等一系列负面情绪，这些情绪混合在一起很伤身体，大脑不会让身体承受这种折磨，所以把责任推卸掉就是最简单、最有效的保护自己的方法。这种推卸责任并想办法把自己做的事合理化的方式，在心理学上叫作

"认知失调"。

比如，一个朋友向你借钱，答应过几天就还给你，可他的经济状况一直没有好转，找你借的钱总是还不上，每一次见你都会感觉有点儿不好意思，但是没有办法，他没有钱还给你。他在想还你钱和还不上钱这件事情上，就产生了心理冲突。但有一个办法可以让他感觉好受一点儿，那就是把你想象成一个不值得交往的人、一个坏人，这样不还你钱就是应该的了。

然而，错了就是错了，认知失调无法改变事实，成熟的人应该学会承担责任。

018

身心合一，激发潜能

我们经历的每一场比赛对我们来说都是双重挑战，一重在内，一重在外。外在比的是技能、技术；内在比的是能量、心态。

提摩西·加尔韦（Timothy Gallwey）在《身心合一的奇迹力量》这本书中提出了一个有趣的观点。他把自我分成两个，分别是自我 1 和自我 2。自我 1 是头脑和意识层面的自我，自我 2 是身体和潜意识层面的自我。加尔韦认为自我 1 和自我 2 之间的关系，是决定我们能否把技术、知识转化成有效行动的关键因素。自我 2 体现了我们体内蕴含的全部潜力，我们在无意识中做到的一切，都要归功于自我2。只有当自我1和自我2和谐统一时，你才能够顺畅地发挥出你的全部潜能，加尔韦把这种状态称为"身心合一"。

但是要想达到这种"身心合一"的状态并不容易，因为自我1的存在感实在太强，时常会干扰自我2的发挥。对于我们的行动，自我1会去评判对错。当头脑做这种评判工作并用结论来指导自我2时，我们的身体就会变得紧张。紧张就意味着我们体内的能量流动被打断了，而能量的自然流动是潜能发挥的关键。换句话说，如果你的头脑不信任自己的身体和潜意识，就会时常打断体内自然能量的流动，干扰身体潜能的发挥。

那么，自我1如何才能不干扰自我2的发挥呢？

加尔韦在书中给出了三个关键办法：

1.将期待的结果转换为清晰的视觉图像。

2.学会信任自我2的能力。

3.学会不带"评判意识"地观察。

举个例子，如果你的球打不远，那你就想象球高高地飞过球网，飞向球场的另一边。让这个画面在脑海中停留几秒钟，然后你就可以练习击球了。顺其自然地击球，然后观察结果，不要进行分析，只需观察结果与你的期待有多大差距。不断重复这个过程，你的自我 1 就会随着一次次击球变得越来越放松。

让自我 1 安静下来，是潜能发挥的关键。实现这一点的有效办法就是学会专注。当你专注时，你不会去思考球该怎么打、如果没击中别人会怎么想等只会影响发挥的问题。有意识地保持全神贯注、心如止水，才能塑造良好的心态，激发无限潜能。

019

懂得示弱，学会犯错

没有任何瑕疵的人真的会受人喜爱吗？答案是否定的。

美国著名的社会心理学家埃利奥特·阿伦森（Elliot Aronson）曾做过这样一个实验，他邀请了四名选手进行演讲比赛，其中两名才能出众，实力相当，另外两名则才能平庸。一名才能出众的选手在演讲即将结束时不小心打翻了一杯咖啡，一名才能平庸的选手也碰巧犯了同样的错误。观众投票后的排名显示，才能出众并打翻咖啡的选手得了第一名，而才能出众未犯错误的选手却得了第二名，才能平庸并打翻咖啡的选手得了最后一名。

心理学中的"犯错误效应"对于这种现象给出了一些解释：一个看似完美无瑕的人，会给人一种不真实感，如果从表面上看不到他的任何缺点，人们会觉得他并没有展露出真实的自我，他就有可能被定义为"伪装者"，因此也就不会有人想与他成为真正的朋友——因为成为朋友的前提是真诚。

从自我保护的角度也能解释这种现象。如果一个人很优秀，能力很突出，可能会使其他人产生自卑心理。当一个人使你感到自我价值受损时，你的潜意识为了维护自我价值感，会自动把这个人放在自己的对立面。而当这个优秀的人犯了一些小错误时，就会使周围人压力减小，同时也保护了周围人的自我价值感，缩小了双方的心理距离，因而也会赢得更多的喜爱。

"犯错误效应"提示我们，如果你已经非常优秀，就不要再过度包装自己，追求锦上添花，适当地犯一些小错误，适当地暴露一些瑕疵，适当地示弱，可以赢得更多的喜爱。

020

人只能活在当下，也只能把握现在

反刍思维是指一个人经历了负面事件后，对整个事件及其可能产生的后果、自身消极的情绪状态进行无意识、反复被动地思考的倾向。

如果你的胡思乱想已经达到了让你痛苦、焦虑的程度，那你就要审视自己是否陷入了反刍思维。

1. 经常思考别人说的话是否有言外之意。

2. 经常反思自己过去的言行是否得当。

3. 从不正面思考。当有人夸赞自己时，总是以这样或

者那样的理由告诉自己他们说的只是客套话。

4. 总是回忆过去痛苦的经历，反复想"当初要是那么做就好了"，在悔恨的情绪中无法自拔。

陷入反刍思维的人会不由自主地回忆过去，他们习惯于过度内省和自责，这是精神内耗的一种典型表现。经常担忧未来的人容易焦虑，而经常回忆过去的人容易抑郁。实际上，很多痛苦的人都忘记了生命的真谛：人只能活在当下，也只能把握现在。

021

划清界限，不做老好人

你是一个被人尊重的人吗？问问自己，你的界限是否清晰？当别人侵犯你的领地时，你是否还浑然不知或者不敢反击？

如果你不知道自己的界限在哪里，你可以遵从自己内心的感觉。也就是说，当你跟他人相处时，如果对方让你感到不舒服，这就说明对方触碰了你的界限。这个时候你应该给予对方警告，表达自己的不满，让对方知道他已经触碰到你的界限了，再继续下去你会生气。

如果你因为害怕伤害到双方的关系而不去维护自己的

界限，想要用自己的委屈和容忍来换取友谊，那么你可能要失望了。你在关系中的迁就只会让对方得寸进尺，最终你们的关系也会走向破裂。要知道，有清晰的界限是维护人际关系的关键。

人与人的相处如同博弈，都在下意识地试探对方的界限，如果对方发现你的界限很模糊，就会肆意侵犯你的领

地，冒犯你。在这种境况下，你会在不知不觉中扮演起懦弱的老好人角色。

当你有一天意识到自己的领地已经被占据，再想夺回领地就必然会发生战争。因为对方早已经把你的领地当成了自己的领地，此时你夺回领地的行为，会被对方解读为侵犯。当你把领地夺回来时，你们的关系也就此破裂了。

能够长久维系的关系一定是平等关系，能够在一张桌子上吃饭的人一定是都有掀翻桌子能力的人。

022

你给予什么，就会获得什么

人们会把你用在别人身上的形容词跟你联系在一起，也就是说，如果你说一个人很善良、很友好，对方会下意识地把这些特质也联系到你身上；同理，如果你总是在背地里说别人坏话，人们也会把这些负面评价和你联系在一起。这种现象在心理学中叫作"无意识特征转移"。

世界就像一个圆，你给出的一切，最终都将回流到你这个源头。你给出爱，就会得到爱；你给出善意，就会得到善意；你给出快乐，就会得到快乐；你给出刻薄，自然也只能得到刻薄。

第二章

情绪与性格的心理基本

023

良好的性格是一生的财富

在生命最初的几年里，人会不断通过熟悉外部环境做出决策，并结合外部反馈不断学习，不断调整，不断优化，最终形成一套相对稳定的行为体系。这就是我们所说的性格。

所以在生命之初，外部环境的反馈至关重要。如果外部环境没有给出正确的反馈，人就会对自身和外部环境产生错误的认知，进而形成不当的行为体系。等到以后再身处类似的环境，人就无法针对当下问题做出正确的决策。除非有意对抗，否则错误的行为体系会自动启动。当人的行为体系无法应对外部环境时，就会产生深深的挫败感。

性格是后天习得的，所以父母在孩子性格形成的最初阶段就应该注意自己的教育方式。如果一个孩子在生命的最初阶段经常遭遇父母的否定、斥责、打压，他就会对自己的判断和认知逐渐丧失信心。父母费了九牛二虎之力，终于教会了孩子某个技能，但是在这个过程中，父母也教会了他如何打压自己、如何否定自己、如何回避问题、如何躲避斥责以及如何讨好他人。打压式教育创造了一种负面环境，孩子先学习到的并不是父母希望他学会的技能，而是适应不和谐的家庭环境，进而形成自卑的、胆小的、懦弱的性格。

　　所以要想塑造孩子的积极性格，就需要使用正确的教育方式。作为家长，认可孩子是一个独立的个体，不以家长权威打压孩子，创造和谐的家庭氛围，自然就能在无形中塑造孩子良好的性格。

024

摆脱社交焦虑，拥有和谐的人际关系

社交焦虑是一种对任何社交或公开场合都感到强烈恐惧或忧虑的心理疾病。患者对于面对陌生人或身处公开场合表现出显著且持久的恐惧，害怕自己的行为或紧张的表现会导致更难堪的事情发生。参加聚会、打电话、到商店购物或询问他人意见等再寻常不过的事情对他们而言都难于登天。

有社交焦虑的人往往有完美主义倾向，在他们眼中，只要自己的表现存在丝毫不完美，就会认定此次社交彻底失败。受过度的完美主义倾向的影响，他们的内心极度敏感，只要他人的言语或表情稍微令他们感觉窘迫，他们就会产生很严重的挫败感。这样的挫败感又会进一步引发他们的紧张情绪，使其在社交场合中失去自信。

对于社交焦虑，我们可以尝试如下方法来缓解。

1. 森田疗法。不理睬情绪，不对抗情绪，消除思想矛盾，顺其自然，该尴尬尴尬，该出糗出糗。

2. 认知疗法。心理疾病的出现大多是因为认知出现了偏差，对事物的解读出现了问题，所以纠正认知对多种心理疾病的治疗都有着不俗的疗效。

3. 暴露疗法。采用森田疗法、认知疗法治疗后，可以让患者进入令其感到恐惧的环境当中适应环境。

025

自卑是人前进的动力

我们每个人都有不同程度的自卑感，因为我们普遍认为自己的现状、处境、所处的位置还可以更好。一个有勇气的人，能通过直接且实际的方法来改进自身所处的位置，以缓解自卑感；但是，一个已经气馁的人，已经习惯了失败，那么他便不再设法克服障碍，而是通过使自己麻木的方式来缓解自卑感，体验优越感。

如果他所处的环境使他感觉到挫败，他就会跑到能使他觉得自己强大的环境里寻求安慰，用虚假的优越感来麻痹自己，而不是想办法让自己变得强大。这种方式只会让

他的自卑感越积越多。

　　一个真正的强者是能够在失败中汲取力量的人，衡量一个人是否强大并不是看他是否聪明，而是看他面对失败时是否有韧性。

026

快速控制情绪三步法

要想控制情绪，第一步就是停止与自己的情绪做斗争。神经科学研究表明，有一种非常简单的做法可以帮助我们快速控制情绪，那就是以旁白的方式说出自己的情绪。

例如，我是小李，我现在很沮丧，我可以说"小李现在很沮丧"，也可以说"小李现在的这种情绪是沮丧"。这种做法可以瞬间缓解强烈的情绪。但是请记住，在描述完自己的情绪之后，不要立即去压抑或尝试消除这些情绪。

接着，要成为一个观察者，描述产生情绪的原因，也就是描述出是什么让自己产生了这样的情绪。例如，"小李现在很沮丧，因为在这次比赛中教练没有让小李上场，所以小李感到沮丧"。

然后深呼吸，最后快速找出认知偏差。这个例子中的认知偏差就是"小李认为教练没让自己上场是因为教练觉得自己能力差。但实际上，教练只是有更好的部署"。

我们情绪的产生基于我们对世界的认知。实际上，我们对世界的看法并不像我们以为的那样客观。因此，当我们有情绪时，我们需要思考自己的认知偏见可能是什么。找出认知偏差的速度越快，我们对某件事曲解和过度反应的可能性就越小。通过这几步，我们的情绪就可以在很大程度上得到控制。

027

五种方法消除焦虑

8

1. 幽默法

幽默是缓解焦虑的良药，当你遭遇挫折或处于进退两难的境况时，不妨试试用幽默法来调节自己的心理状态。例如，你可以用滑稽的语言说出当前遇到的困难，把自己逗乐。

2. 随境法

面对生老病死、天灾人祸等各种各样的负面生活事件，学着以一颗随遇而安的心去对待它们。这样或许可以帮你减少许多不必要的痛苦，让内心平静。

3.暗示法

选准最佳时机，有意识地利用语言、动作、回忆、想象以及周围环境中的各种物体对自己发出积极的暗示，这样做可以消除负面情绪，保持心情的平静和愉快。例如，在路上看到喜鹊对自己叫，便暗示自己今天将有好事发生。

4.自嘲法

在你的事业或者感情不尽如人意时，不妨用用自嘲法为自己营造一个豁达、坦然的心理氛围。

5.假装糊涂

这样做有助于建造使心理环境免遭侵蚀的保护膜。在一些非原则性问题上你不妨采取逃避措施，假装糊涂，这样可以使你避免面对许多不必要的精神痛苦，以恬淡、平和的心境应对生活中的负面事件。

028

克服紧张，不再恐惧

在一些需要发言的公共场合、在重要的考试前、在面试前……你是不是都会感觉无比紧张？从心理学的角度来讲，紧张是人类在应对危险时表现出来的应激反应。紧张时，人的四肢会得到额外的能量供给，而其他器官则会为了减少能耗而变得迟钝。最为明显的就是大脑。如果你紧张过度，大脑可能会一片空白。

在这里，我想和大家分享几个让自己不紧张，放松下来的方法。

第一，学会自我暗示。每次紧张的时候请告诉自己：

"紧张是人之常情，面对这样的场面所有人都会紧张。但我已经做了充足的准备，也能接受不如预期的结果。"

第二，替换能量场。这个方法其实很简单，比如，在你要进行演讲或者进入让你感到紧张的场合之前，你可以想象自己是真正的强者，无畏无惧，即将昂首挺胸地踏入自己的"战场"。这个时候你走路的样子也会越发自信，不再会因场合而感到紧张。严格地说，这个方法算是一种自我催眠，它可以暂时有效地改变你的能量场，让你不紧张。

第三，读万卷书，行万里路。如果你容易紧张，说明你的经历和经验比较少。经历得多，懂得多，对大部分事有自己的认识和见解，就不会那么紧张了。所以，你可以在空闲的时候多读一些历史、科学、人文、哲学类的书籍，也可以去远方开阔一下眼界，丰富自己的人生阅历。

第四，重复刻意练习。针对让自己紧张的事进行刻意练习，比如你害怕演讲，你就在演讲前多多练习，让自己对演讲稿更加熟悉。这也是一种脱敏训练法。

029

"接近焦虑"让你免受伤害

○

　　当一个男人渴望接近一个漂亮的女人时，可能会同时冒出想要逃离的强烈欲望。这种感觉叫作"接近焦虑"。

　　为什么会出现这种看似不合逻辑的焦虑呢？按照进化心理学的解释，是因为在远古时代，如果一个男人贸然接近一个美丽的女人，是非常危险的，因为这个女人很可能已经名花有主了，而且她的丈夫可能非常强壮。她的丈夫很可能会将这位接近自己女人的男人杀死。

　　这种接近焦虑不只出现在男人身上，还会出现在女人身上。

远古时代的女人在怀孕后要经历漫长的孕育期和哺乳期，在这期间，女人是没有任何捕食能力的，她们必须要确保自己选择的男人不会抛弃自己，并且有能力养活自己和孩子，所以女人往往会反复确认自己选择的男人是否值得依靠。

　　现代人们存在的这种焦虑其实源自远古时代人们的生存焦虑，随着不断演化，发展出这样的心理机制，以保护自己和后代免受伤害。

030

身体是心理的晴雨表

当面临生活困境难以解决时，我们的潜意识会让心理压力转换成某种躯体症状以应对现实，这种现象就叫作"躯体化"，产生躯体化现象的深层次原因就是心理问题长期得不到解决。

去年夏天，我的爷爷在一次意外中伤到了手，五根手指失去了四根，因为他的另一只手也受过伤，所以他的生活难以自理。在出院之后，他紧接着就出现了肚子难受的症状，去医院反复检查却没有发现任何问题。我怀疑他身体上出现了躯体化现象，并开始寻找出现这种现象的原因。

我爷爷与我父亲之间的关系不好，这次意外让他丧失了自理能力，他因为担心无人照顾，所以深感焦虑。而这些心理压力转换成了身体症状，使他成为一个病人，这样他就可以得到更多的关爱和照顾。

人们患上的许多病症，都是心理压力导致的。这是人们在进行心理防卫，以消除内心的痛苦和焦虑。人们的心理防卫机制通常是在潜意识里建立的，也是在不知不觉中发挥作用的。躯体化并不是装病，它是潜意识活动的结果。

031

眼见并不为实

我们通常认为视觉感知是固定的，一座山是陡峭还是平缓、一个阳台离地面近还是远，我们何时看到它们产生的感觉都是相同的。但是弗吉尼亚大学的一项研究显示，事实并非如此，我们对事物的视觉感知会根据我们的情绪状态以及身体的各种状态而发生改变。

科学家发现，我们的感知系统并不会客观真实地反映世界，而会对我们各个器官接收到的信息进行重组，在这个过程中，很多信息会受到我们的身体状态、情绪、思维方式、过往经验的影响而失真。所以，我们大脑里认为的现实与真正的现实是有一定偏差的。

　　面对同一个山坡，当我们身心疲惫，体内缺乏葡萄糖时，山坡看起来就会比较陡峭；当我们精力充沛，体内有充足的葡萄糖时，山坡看起来就会比较平缓。同理，我们悲伤，山坡看起来就陡峭；我们心情愉悦，山坡看起来就平缓。

　　我们对事物的认知也是如此，可能会因为各方面的原

因出现偏差，导致我们的判断能力下降。为了减少这种现象给我们带来的影响，当我们困惑或犹豫不决时，我们需要多听取不同人对事物的解读和提出的建议，这样我们就可以发现自己的偏见。及时纠正自己的偏见，制订合理的策略，是做出正确决策的必要条件。

032

心理信念的巨大威力

哈佛大学著名的心脏病学先驱伯纳德·洛恩（Bernard Lown）在其著作《失落的治疗艺术》（*The lost Art of Healing*）中提到过一个死囚实验。该实验发生在印度，发生时间是1936年，实验对象是一名死囚，他获得了在失血过多而死和吊死之间做选择的机会，而这个死囚选择了前者。在实验过程中，他被捆在手术台上，并被蒙住眼睛。实验人员用刀背划了一下他的手背（实际并未割破），并让温水流过他的皮肤，令他产生自己正在流血的错觉。一段时间后，死囚在并未受到实质性伤害的情况下黯然离世。

这个实验得出的结论是，心理信念真的可以影响人的身体状况。

心理学家丹尼斯·库恩（Dennis Coon）在他的著作中对这个实验的解释是副交感神经系统反弹致死。一般在应激状态下，人会激活交感神经系统，并分泌皮质醇和儿茶酚胺压抑副交感神经系统的活动（如压抑消化系统、免疫系统的活动），以保证身体能够有更多能量应对眼前的突发状况。当这种应激状态过后，副交感神经系统会重新启动。但如果之前交感神经系统激活过度，副交感神经系统就可能会出现过度的反弹反应，一般情况下，这种反弹反应可能会引起胃溃疡、头痛、发烧等生理表现。

死囚对于死亡的恐惧是巨大的，所以其反弹反应也异常强烈（如过度减缓心跳，导致心脏停搏），最终导致死囚死亡。

这个案例说明人的身和心本身就是不可分割的，心理状态和身体状态有着千丝万缕的联系。一旦消极的信念占据主导地位，人就会坠入无尽的深渊；反之，积极的信念像一把钥匙，能开启人的无限潜能。

033

自负的人，都有一颗自卑的心

大多数人对自负一直有着很深的误解。实际上，这个世界上是没有自负的，只有自卑和自信。自负其实是自卑的代偿，是自卑的另一种表现形式。

我们可以观察一下身边那些自负的人，他们往往会炫耀自己的各种能力，而且经常在炫耀的同时贬低别人。

但是，当一个人清楚自己的价值本来就远高于其他人时，他还需要贬低别人吗？还需要通过炫耀来证明自己吗？成功的人往往不需要证明自己，他们不但不会炫耀自己的成就，反而会表现得十分谦虚。

当一个人的内在价值感很低时，他才会迫切地想要证明自己。所以那些自负的人，反而是内在价值感很低的人，他们需要通过抬高自己、贬低别人来获得优越感。很多人会觉得那些自负的人一定是他们的父母在养育他们的过程中给予了他们太多的表扬和鼓励，才使他们变得骄傲、自负。其实不是。自负的人恰恰是小时候受到过很多批评和否定的人。

034

孩子越乖，父母越失败

为什么小时候越乖的孩子，长大之后越容易出现心理问题？

"乖"，是成人对孩子行为给出的评价。事实上，这个世界上没有任何一个孩子天生就乖，与其说孩子乖，不如说孩子是害怕不乖带来的后果。

"乖"实则是孩子被长期"驯化"的结果。"驯化"这个词听起来有些无情，但事实的确是这样。有相当多的成人打着"爱"的旗号做着伤害孩子的事情，不断抹杀孩子的天性，最终使孩子成为一个没有自我的"乖"孩子。

  "乖"孩子在养育者的期待中成长，他们不会做违背养育者期待的事，因为这样才能够避免惩罚，才能够得到奖励，他们会习惯性地忽视自己的真实需求，最终成为养育者的提线木偶。

  多数父母都在试图培养一个"乖"孩子，甚至有些养育者还试图控制孩子的思想——"我不允许你有这样的想法，你就绝不可以有。"在这类养育者营造的环境中，"乖"成为对孩子的最高评价，他们通常也只在孩子"乖"的时候，才会给予孩子奖励、陪伴以及关注。

在这样的环境中成长起来的孩子，成年以后也会一直延续这样的模式——听别人的话，忽视自己的想法和感受。

事实上，父母的这种养育方式扼杀了孩子的想法，孩子的一举一动都被人控制，孩子不仅会缺少对自己的觉察和关注，更缺少对自己的认可，结果就是孩子要么陷入总是迁就别人而委屈自己的窒息感中，要么因为不认可自己而一直压抑、痛苦。

035

女性，请对家暴说"不"

我们似乎总能听闻一些女性常年受家暴而不选择离婚，这到底是为什么呢？

研究发现，几乎所有的家暴行为都有周期性，心理学家将其分为三个周期。

第一周期的时间较长，伴有经常性轻微暴力，施暴丈夫不断向妻子表现出莫名的敌意和愤怒，妻子为了避免挨打，拼命迎合丈夫的意愿。这种紧张气氛会一直持续到第二周期。

在第二周期，夫妻之间的严重暴力事件频频发生，施暴丈夫的脾气完全失控。这时暴力的严重程度和失控程度已经远远超过第一周期。有时受家暴的妻子意识到第二周期的暴力会不可避免地爆发，甚至会有意识地提前"引爆"，以便赶紧度过这一周期而进入第三周期。

第三周期的施暴丈夫往往会真心地忏悔自己的施暴行为，甚至会给妻子买鲜花或贵重礼物以求得原谅，并真诚地保证永远不会再伤害妻子。虽然妻子知道第三周期的好日子很快会被第一周期取代，但这时丈夫表现出来的爱和温柔使妻子有了留下来继续和他共同生活的念头。

另外，大多数受家暴的妻子都有类似的婚姻观念，即在爱情和婚姻面前，要从一而终。她们没有勇气摆脱这种时好时坏、充满暴力的婚姻，也不奢望暴虐的丈夫能改掉坏毛病，于是家庭暴力也就周而复始地持续下去。

036

良好的夫妻关系让孩子健康成长

很多女性在有了孩子后，亲密关系会发生明显的变化，她们容易忽略丈夫而把大部分精力都放在孩子身上。其实这是丈夫缺位、妻子错位共同导致的结果。

丈夫缺位导致夫妻间缺爱，女人在有了孩子后发现，孩子可以在极大程度上弥补自己内心的空洞和感情上的缺失，于是总是忍不住把心思投放到孩子身上。孩子因为得到的母爱过多，甚至多到无法承受其重，所以普遍存在严重的被母亲"吞没"的创伤。这令孩子长大后在表达情感上存在困难，而且通常比较被动。

很多男孩在幼年时体验到太过束缚的母爱，导致成家之后非常害怕再被与其他女性的关系束缚，于是结婚后在经营夫妻关系上表现得被动且后退，面对责任和义务，他的潜意识会想要逃避。如果他和妻子有一个女儿，因为不懂得如何处理与异性的关系，那么他与女儿的关系也会相当疏远，在女儿需要自己时，无法给予女儿需要的支持，出现父爱缺位。

实际上，夫妻关系应该是整个家庭中最重要的关系。夫妻关系如果有问题，最终会引发各种各样的问题。

037

忍受痛苦是一种自律

逃避痛苦是人类的本能，人类的大脑对痛苦非常敏感，如果出现令人痛苦的事件，人类身体内的预警机制会被激活，驱使人采取行动改变处境。

人类所发展出的一切能力和特性都是为了生存和繁衍。比如，挨饿会让人痛苦，而且它危及人的生存，人就会想办法避免挨饿。

你或许会问："为什么读书也会让我痛苦？难道读书也会影响生存？"是的，读书确实会影响生存，只不过是在食物匮乏时期。

美国杜克大学进化人类学教授道格·博耶（Doug Boyer）指出，人的大脑每天消耗摄入热量的 25%，其中主要是葡萄糖。这就意味着人类每天摄入的大部分葡萄糖会被大脑消耗殆尽。在食物匮乏时期葡萄糖是稀有养分，而低血糖会导致脑功能下降、眩晕、全身无力、昏迷，这在远古时代是一件很危险的事情，所以机体为了保证充足的葡萄糖储备，限制了脑力活动的时间，这就使人在过度用脑后会感觉很痛苦。

但是，在食物充足的现在，我们不能再因读书痛苦而放弃读书。忍受痛苦是一种自律，能够在枯燥的学习过程中一直坚持，我们才可能会有卓越的成就。

038

摆脱心理枷锁，走出童年囚笼

科学研究发现，童年时期有受虐经历的孩子，即经常被父母或其他人打骂、遭受语言和身体伤害的孩子，他们的脑部发育状况跟在和谐氛围下成长起来的孩子的脑部发育状况有很大差别。

这些受虐的孩子因为要在受虐过程中承受过高的压力，所以他们难以集中注意力，难以学习新的技能。

此外，如果孩子经常目睹家里人争吵或者动手打架，也会给孩子带来同样的负面影响。

童年的成长环境影响人的性格、思维模式和行为惯性，这导致人在后续的社会交往、言行举止中都带着童年的影子。

幸福的童年生活，能给人带来力量，即使人经历挫折，也能快速地从挫折中站起来；不幸的童年经历，仿佛一副心理枷锁，使很多人终其一生都走不出童年的囚笼。

如果你即将成为父母，或者已经为人父母，希望你能够有意识地给你的孩子创造一个温馨的童年环境。

039

别让全能自恋成为成长路上的障碍

心理学中有个词叫作"全能自恋"，每个人在婴儿时期都具备这种心理状态，即认为自己无所不能，只要我一动念头，其他人就会按照我的意愿来行事。当全能自恋受损时，人会产生全能暴怒，会产生毁灭欲。当全能自恋和全能暴怒能直接表达时，人会感觉自己很有力量；但当既不能表达全能自恋，又不能表达全能暴怒时，这份能量也不会消失，而是转过来压制自己，这时人会体验到强烈的无助及焦虑。当人感受到彻底无助时，其内心会形成创伤，在看待外界时也会变得更消极。

　　小时候得不到抱持性照顾的个体会出现心理缺失，在成年后表现出心理上的"全能自恋"状态。当一个人受全能自恋驱使时，会觉得自己无所不能，什么都敢想，什么都敢做。可这样的感觉缺乏理性，非常脆弱，一旦遭遇失败，人就会感受到强烈的挫败感。

全能自恋的人总是以自我为中心，忽略他人的感受。但是成年人的社交是遵从"平等"和"平衡"原则的。一个只顾自己、无视他人的人是难以拥有美好的爱和关系的。对于这样的人，学习忘我和投入是人生一大功课。只有当他们能够投入地、忘我地与人交往、做事，才能逐渐建立自我和外在世界的联结，也才能逐渐走向健康的自恋。

040

共同经历负性事件，有利于合作

有一天，小李和小王因为迟到被老板一起批评，一起扣工资；而小刘和小吴却被老板表扬，被树立成全公司学习的榜样。

现在请你猜想一下，是小李和小王的关系，还是小刘和小吴的关系拉近得更快一些？

心理学研究表明，一起经历情绪波动比一起享受幸福能更快地拉近双方的距离，情侣之间也同样适用这一法则。共同经历挫折、克服困难的情侣比直接一起享受幸福的情侣关系更稳固。所以，不要为你和伴侣眼前的小波折而担心，两个人一起携手解决问题，可以让你们的关系迅速升温。

共同经历负性事件是人际关系的重要黏合剂，在考试、求职、恋爱、人际交往中，共同经历失败的人往往能加深友谊，促进合作。对于团队管理者而言，允许团队成员共同经历负性情绪事件，可能利大于害。

041

会传染的坏情绪

一位父亲在公司受到了老板的批评，回到家就把在沙发上跳来跳去的孩子臭骂了一顿。孩子很委屈，就踢了一脚正在身边打滚的猫。这种因坏情绪的传染而产生的连锁反应，就是心理学中的踢猫效应。

一般来说，当一个人产生负面情绪时，会选择比他弱小或地位低且没有还击能力的弱者发泄。我们每个人都是踢猫效应长长链条上的一个环节，遇到比自己弱小或地位低的人，都有将愤怒转移出去的倾向。而当我们将怒气转移给别人时，其实还是把焦点放在了不如意的事情上。久而久之，我们对情绪的反应会形成一种恶性循环，进而影响心理健康。

那我们应该怎样避免踢猫效应的发生呢？

1. 情绪波动时，反复深呼吸。当情绪特别激动时，我们可以先试着反复深呼吸，让自己冷静下来。在一呼一吸间，调整自己的负面情绪，避免把负面情绪转移给他人。

2. 记录情绪，和自己对话。当我们察觉到情绪糟糕时，可以试着将自己的情绪记录下来，比如"我现在很生气，因为……"。用文字与自己对话是缓解情绪的一种方式，可以让自己清楚地知道负面情绪因何产生，让注意力集中在引发负面情绪产生的问题上，然后想办法解决问题，而不是迁怒于他人。

3. 运动半小时。与其沉浸在糟糕的情绪中无法自拔，不如运动一会儿。拳击、瑜伽等运动都可以帮助我们平复情绪。很多负面情绪会让人失去理智，运动一会儿可以让我们暂时与情绪隔离，之后再理性地对事件进行分析。

坏情绪于己于人都是一种伤害，把自己的坏情绪转移给他人是一种不理智的行为。管理自己的情绪，了解负面情绪出现的原因，着手解决问题才是根本之道。

042

"心理罢工"比精神内耗更可怕

你是不是有时候会感觉明明没做多少工作，却非常疲惫，难以集中精力投入工作？是不是有时候手头的工作并不难，但你还是忍不住想要拖延，拖到不能再拖才去干？你会不会在面对工作时，内心充满了抵触和厌恶，想要敷衍了事、得过且过？

其实，在这些时候你已经掉入了心理罢工的陷阱。心理罢工像一头怪兽一样，吸食你身体的能量，让你的工作效率大打折扣，生活质量也不断下降。

那我们该如何避免自己陷入心理罢工的状态，逐步回归正常的工作状态呢？

1. 接纳心理疲惫期，允许自己休息。每个人都会有疲惫、倦怠的时候，与其拼命地勉强自己一直工作，不如坦然地接纳自己出现了心理疲惫期。在这段时期，我们可以允许自己短暂地休息、调整，安抚好疲惫的身心，再去面对繁重的工作。偶尔允许自己停下来喘口气，才能更好地走完漫长的人生旅途。

2. 调整情绪，为自己充电。在生活和工作中，我们难免会出现沮丧、失望等负面情绪，当我们感觉自己情绪糟糕时，就要想办法为自己赋能。读一些好书就是不错的赋能方法，我们既能在阅读的时候感受心绪平和，又能从书中获得知识。

3. 避免内耗，提高工作效率。很多时候，让人感到身心俱疲的不是事情本身，而是反复咀嚼、无限纠结的过程。内耗不能解决当下的烦恼，但一定会消耗你此刻的能量。考虑越多，问题也越多，所以我们需要的是拒绝过度思考和犹豫，先勇敢踏出第一步。只有我们行动起来，才能一步步靠近目标。

4. 在工作中寻找乐趣。长时间的工作导致我们难免会感受到枯燥、乏味，这时我们可以多多注意工作中让我们获得成就感的地方。把每一次的进步和成长，当作工作对自己的奖赏。给自己一个坚持的理由，推动自己继续前行。

第三章

社交与关系的心理基本

043

人际交往中最容易忽视的事

1. 突然升温的友情要多加小心。

2. 当你以不得罪所有人为目标时，就已经得罪了所有人，因为老好人是最难做的。

3. 张牙舞爪的人更容易对付，因为这种人做事情往往缺乏思考。

4. 无论再着急都不要表现出来，也许对方比你更急，冲动的人容易吃亏。

5. 不知道该说什么的时候，请闭嘴，沉默是金。

6. 衡量朋友的真正标准是行为而不是言语，那些表面上说尽好话的人实际上并不靠谱。

7. 尊重不喜欢你的人。

044

面无表情会让你显得更强大

在心理博弈中，你的外在形象至关重要。研究显示，比起微笑和大笑，面无表情会让你显得更强大，更具掌控感，更被人尊敬，也更容易影响他人。

表情是传达情绪的主要途径，在交流的过程中，人们会通过表情来识别情绪。面无表情会使对方无法察觉你的情绪，从而引起对方莫名的焦虑和不安。人一般认为，能够使自己焦虑的人的地位往往在自己之上，所以面无表情会给人一种高价值的感觉。

在生活中，具有能力的人或者重大事件的决策者往往拥有一张"扑克脸",因为面无表情是胸有成竹和心无波澜的象征，具有这种特质的人往往是局面的掌控者。

所以，合理地利用"扑克脸"这一有力的武器，可以起到震慑效果，使人猜不透你的底牌。

045

聪明的人，都善于利用利益关系

一名男子晚上在自动柜员机上存款，遇到机器故障，10000元被吞进机器，他打电话联系银行，却被告知要等到天亮才会有工作人员来解决问题。男子很郁闷，突然他灵机一动，又打电话给银行，告诉银行机器多吐出了5000元。5分钟后，工作人员就到达了现场。

别人不帮你是因为你没有触及他的利益，所以你要想办法把你的问题和他人的利益结合起来，才能引起他人的重视。

046

不盲目从众，不刚愎自用

当你和一群远足的人走到一个岔路口时，如果你想往左走，但其他人都想往右走，这时你会选择一个人勇往直前，还是跟随众人的脚步？

美国经济学家伊渥·韦奇（Ewok Wech）提出了著名的韦奇定理：即使你已有主见，但如果你身边的 10 个朋友和你意见相反，你很难不动摇自己的立场。

因为人是社会性动物，所以人的观念和判断力会受到群体的影响。但有一些人之所以能成功，是因为他们在别人质疑自己时能准确分析他人提出的建议，不轻易因为他

人的质疑而改变自己的判断，遵从内心，不盲从。

韦奇定理给我们的启示是：我们需要在盲目从众和刚愎自用之间找到一个平衡点，不应该因别人的怂恿而轻易改变自己的判断，也不应该完全听不进他人的良言。

047

利用微表情解读内心

当人撒谎时，一种名为"儿茶酚胺"的物质就会被释放出来，引起鼻腔内部的细胞肿胀，鼻子刺痒。而且人在撒谎时血压会升高，更多的血液流向面部，这也会加重鼻子刺痒的感觉。虽然旁人无法用肉眼看出来，但说谎者自己能感受到，加上其说谎时心神不宁，就会不由自主地去摸鼻子，以缓解这种感觉。这就是著名的皮诺基奥效应。

实际上，摸鼻子这个动作并不仅仅是说谎的标志，我们可以在很多场景下见到摸鼻子这个动作。

例如，无声拒绝。当我们请别人帮忙时，对方如果做

出摸鼻子这个动作，则说明对方愿意帮忙的意愿不大。这时，我们最好识趣一点，不要为难对方。

例如，心存疑虑。如果在我们讲述某件事情之后，对方回应我们的是摸鼻子这个动作，则说明他可能并不相信我们说的话。

例如，在谈生意的过程中，如果对方做出摸鼻子的动作，那么我们需要适时地加把火，因为对方已经在考虑我们的建议，只是还需要再多那么一点点的动力去促成合作。

048

人际交往中，第一印象很重要

首因效应也被称为首次效应、第一印象效应，是指交往双方对彼此形成的第一印象对今后关系的影响。虽然第一印象有可能并不准确，但它却鲜明而牢固，在很大程度上决定了双方交往的进程。当我们和他人初次见面时，如果对方衣着整洁，谈吐礼貌，我们便愿意与之亲近，彼此也能较快地互相了解；相反，如果对方邋邋遢遢，出口成"脏"，我们便会避免与之接触，甚至会产生反感。

在日常生活中，首因效应常常出现。比如，在我们求职面试时，我们需要提前准备好所需的材料，演练自我介绍，防止面试时因为紧张而手忙脚乱；提前准备好参加面试的服装；宁可早到，不要迟到。这都是为了给用人单位留下好的第一印象，赢得面试官的青睐，以期能够获得心仪的职位。又如，根据首因效应，商家在做广告营销时，消费者首先接收到的广告信息会对消费者的购买决策产生重要影响。因此，商家往往会通过强调产品的优势、独特性来吸引消费者的注意力，并在广告中尽可能早地呈现这些信息。这样一来，消费者更有可能在决策时将这些信息作为重要依据，提升购买的可能性。

首因效应具有先入为主的特点，但如果我们只根据第一印象来评价一个人，往往有失偏颇。庞统准备效力于东吴，于是去面见孙权。孙权见庞统相貌丑陋，心中便有几分不喜，又见他傲慢不羁，更觉不快。最后，孙权竟把几乎能与诸葛亮比肩的奇才庞统拒之门外。尽管鲁肃苦言相劝，也无济于事。这便是首因效应带来的负面影响。路遥知马力，日久见人心。仅凭对他人的第一印象就对他人妄加评判，可能会给我们带来无法挽回的损失。

049

适当的自我暴露让关系更加亲密

友情真正开始建立始于自我暴露。当两个人由于大量的互动开始熟识后，他们还算不上朋友，只能算熟人。从熟人变成朋友的关键就是自我暴露。

加拿大温尼伯大学的贝弗利·费荷 (Beverley Fehr) 在他的著作《友谊进程》(*Friendship Processes*) 一书中表示，友情建立的过程往往是这样的：当双方经常见面时，有一方会先冒着暴露个人隐私的危险去测试对方是否会有相应的回应。如果双方都愿意进行自我暴露，那就是获得了一把打开友情之门的钥匙。

一般来说，青春期时，朋友之间的自我暴露是比较迅速的，所以人在青春期时更容易交到朋友。而在成年人的世界里，如果想要交到真正的朋友，自我暴露并不是越早越好，自我暴露的深度和速度都需要适度。如果自我暴露过快过早，会使对方产生不安。

纽约州立大学心理学教授亚瑟·阿伦 (Arthur Aron) 通过反复实验发现，建立友情的关键是"循序渐进地暴露私人信息"，而且仅仅需要短短的 45 分钟就可以发展出牢靠

的友谊，"分享需要适度，过度分享会被认为是片面的、压倒性的、不恰当的社交。"

如何辨别出自己的分享是否过度呢？亚瑟·阿伦认为观察对方的反应是一个好方法，如果你发现对方有些紧张、不安，或者不知道该如何接话，就说明你可能是在进行过度的自我暴露。

亚瑟·阿伦研究了多种沟通模型，最终开发出了一个在短时间内最容易交到朋友的问题模型，其中包括3组问题，每组12个，共36个问题（原题在后文），这3组问题可以使人敞开心扉，循序渐进地自我暴露，进而成为朋友。

以下是36个问题：

1. 如果你能在全世界任选一个人和你共进晚餐，你会选谁？

2. 你想出名吗？你希望以什么样的方式出名？

3. 打电话前，你会预演你即将要说的话吗？为什么？

4. 对你来说，完美的一天是什么样的？

5. 上一次一个人唱歌是什么时候？和别人一起唱歌是什么时候？

6. 如果你能够活到 90 岁，并能在你生命的最后 60 年选择保持 30 岁的心智或保持 30 岁的身体，你会选择哪个？

7. 你能预感自己何时会离世吗？

8. 说出 3 个你和对方在外表上的共同特征。

9. 生命中什么事情让你感激不尽？

10. 如果你可以改变自己的成长轨迹，你希望改成什么样子？

11. 用 4 分钟尽可能详细地告诉对方你的生活故事。

12. 如果明天醒来你可以获得一种能力或特质，你希望是什么？

13. 如果有颗水晶球能向你揭示你自己、你的生活、你的未来或是其他任何事情的真相，你想知道些什么？

14. 你有没有一直梦想要做的事情？为什么没有做呢？

15. 你人生中最大的成就是什么？

16. 一段友谊中，你最重视的是什么？

17. 你最珍贵的回忆是什么？

18. 你记忆中最可怕的事情是什么？

19. 如果你知道一年后你会突然离世，你会改变现在的生活方式吗？为什么？

20. 朋友对你来说意味着什么？

21. 恋爱在你的生活中处于什么样的位置？

22. 两人轮流列出对方的 5 个长处。

23. 你的家庭成员彼此亲密吗？你的家庭氛围温馨吗？你觉得你的童年比大部分人都开心吗？

24. 你和母亲的关系如何？

25. 基于现有场景用"我们"组 3 个句子，比如"我们在这个房间都感觉……"

26. 把"我希望有个人能跟我分享……"这个句子补充完整。

27. 如果你想和对方成为亲密的朋友，请列举出对对方来说最重要的事情。

28. 告诉对方你喜欢他的地方，这一次你要非常诚恳，说一些你平常不会跟刚认识的人说的话。

29. 和对方分享人生中最尴尬的时刻。

30. 上一次你在他人面前哭是什么时候？是莫名地哭吗？

31. 告诉对方你已经喜欢他很久了。

32. 有没有什么事情是你认为非常严肃，不能开玩笑的？

33. 假如你今晚会离世，而且没有机会跟任何人交流，你最后悔没有对谁吐露心声？为什么到现在还没有对这个人说出想说的话？

34. 你的房子着火了，所有的财产都在里面。救出了亲人和宠物之后，如果你还有时间最后努力一次，能够安全地从房子中拿出任何一件物品，你会选择什么？为什么？

35. 如果有家庭成员去世，你认为谁的离开最让你恐慌？为什么？

36. 说一个个人问题并询问对方的处理意见，让对方向你描述你对这个问题所表现出的态度。

050

四步构建和谐平等的关系模式

如何构建和谐平等的关系模式?

第一,不要害怕得罪人。过于害怕得罪人会丢失自己的立场,不卑不亢才能赢得对方的尊重。

第二,每个人在新的关系中都在试图构建与内在关系模式相似的关系。当我们与对方的观点有分歧时,可以从观点之争中脱离出来,分析对方内在的心理逻辑,并打破对方试图构建的不平等的关系模式。

第三,人和人谈话时,必然在传递两个层面的信息:事实和情绪。我们要辨析对方传递的客观事实是什么,主观情绪又是什么。对于客观事实，要尊重，对于谬误，要驳回；对于积极情绪，可以试着共情，对于垃圾情绪，则要拒绝接收。

第四，聊天过程中各自都需要发表自己的观点和情绪，因为人都需要表达和发声，发出声音代表我们拥有力量，让对方不敢忽视我们。

051
内在关系模式

一个人最初与重要客体的关系模式，决定了他之后与其他人的相处模式。换句话说，一个人当下的关系模式，是其内在关系模式的再现。我们通过看一个人在当下与他人建立了什么样的关系模式，就可以分析出这个人有着怎样的内在关系模式。

如果一个人出生在"高压"家庭中，父母无时无刻不在干预着他的行为，那么他与父母的关系就类似于领导者和服从者的关系。在步入社会后，这种关系模式就会影响到他和类似的新客体之间的关系，比如，和其他权威者的

关系。在面对老师、领导时，他也会像面对父母一样习惯性服从。

相反，如果一个人出生在一个氛围和谐的家庭中，他和父母的关系是平等的、互助的，那么久而久之，他也就习惯采用平等的姿态和他人相处。

我们每个人都会在无意识中将自己的内在关系模式投射到新关系中，并努力想把当前的关系变成符合自己内在关系模式的样子。这就意味着一个人与父母或重要养育者的关系模式会导致他不断重复建构类似的关系模式。当我们看到了一个人想要建构的关系模式，就可以推测出他的内在关系模式，进而推断出其原生家庭的关系模式。

052

左右他人的心情和行为，其实很简单

小区里停放着一辆旧汽车，小区里的孩子每天晚上七点，便攀上车顶蹦跳，砰砰之声震耳欲聋，大人们越管，众孩童蹦得越欢。一天，一个人对孩子们说："小朋友们，我们来比赛，蹦得最响的孩子奖励玩具手枪一支。"当天蹦得最响的孩子果然得奖。次日，这个人又来到车前说，今天继续比赛，奖品为两粒奶糖。孩子们见奖品没有前一天的好，纷纷不悦，无人卖力蹦跳，声音稀疏。第三天，这个人又对孩子们说："今日奖品为花生米两粒。"小朋友们纷纷跳下汽车说："不蹦了，不蹦了，真没意思。"

这种心理现象就是阿伦森效应。阿伦森是一位著名的社会心理学家，他发现随着奖励的逐渐减少，人们的态度会变得越来越消极；随着奖励的增加，态度变得越来越积极。

人们大都喜欢赞赏或奖励不断增加的事，而反感赞赏或奖励逐渐减少的事。在经历一次奖励之后，人们会对下一次奖励产生心理预期。

如果奖励低于预期，人们会产生损失厌恶心理，因为人们所预期得到的东西，在得到之前就已经在潜意识层面将其视为己有。所以，如果最终得到的奖励低于自己的预期，那么，人们就会产生一种被剥夺感。而这种心理预期确定性越高，之后产生的被剥夺感和厌恶心理也就越重。损失厌恶心理的产生，使人们感受到因失去造成的痛苦远远大于因得到带来的快乐。

所以，如果你想要与他人合作，起初一定不要许诺最大回报，要留出空间，在后续的合作中使回报逐渐增多，这样你们的合作关系就会更加持久。同理，如果你想要公司员工始终认真工作，那么你所给予的赞赏和支付的报酬最好逐渐增多，而不是逐渐减少。

一些重要的社会规则和人性法则，都隐藏在复杂的社会现象中。解读它们，能帮助你看清事物的本质，了解事物的运行原理；合理地利用它们，许多棘手的问题将迎刃而解。

053

好关系是麻烦出来的

当你找一个人帮你一个小忙的时候，会让对方对你产生好感，而且相比那些被你帮助过的人，那些曾经帮助过你的人会更愿意再帮助你。在心理学中，这种现象被称为"富兰克林效应"。

1736 年的一天，富兰克林在宾夕法尼亚的议院发表演讲，在他发表完演讲后，另一位议员强烈反对他的观点，并通过演讲十分激烈地批评了富兰克林。

富兰克林想争得这位议员的支持，但又不愿意卑躬屈膝地向对方示好，于是他选择了一种巧妙的方式。

他听说这位议员收藏了一本非常罕见的书，于是他就写了一封信给这位议员，表示希望能借这本书来拜读一下，没想到这个议员竟然同意了。

不久后，富兰克林将书归还给议员，还附上了一封感谢信。在下一次会议时，这位议员主动与富兰克林交谈，后来两人建立起了坚固的友谊，这份友谊持续了一生。

富兰克林说："曾经帮过你一次忙的人，会比那些你帮助过的人更愿意再帮你一次。想取得一个人的支持，尤其是圈子外的人的支持，那就先找他帮个忙，事情也许会出现意想不到的转机。"

而帮助过你的人之所以会对你产生好感，是因为在帮过你之后，他会出现"我帮助了你，你对我的印象更好了，我们的关系更近了一步"这样的想法。这样的想法会通过行动在不知不觉间展现出来，被你察觉到，于是你们的关系就真的变好了。

054

别小看嘉奖的魅力

当你和某人聊天时，挑选他们言语中的一个词，每次他说到这个词时，你就点头，或者做一些表示认同的动作。渐渐地，你就会发现，他开始经常说这个词。

当人们做某一件事时，如果能得到积极的反馈，他就会越来越喜欢做这件事；同理，如果得到的是消极的反馈，他就会厌恶做这件事。

如果你能够理性地控制你给予对方的反馈，你就能在对方毫无察觉的情况下影响对方的行为。比如，你已为人父母，你就可以在孩子表现出正确的言行时给予孩子认同和嘉奖，积极的反馈能够促使孩子再次做出同样的举动。

相反，当孩子做出一些错误的举动时，你也可以给予孩子消极的反馈，以避免这些错误举动再次出现。

055

不要刻意回避与他人的联系

你是一个封闭的人吗？

在心理学中，有一种人格障碍叫作回避型人格障碍，有这种人格障碍的人往往内心敏感，自我评价较低，会出现明显的紧张感、忧虑感、不安全感和自卑感，对拒绝或批评过分敏感，虽然渴望与人建立关系，但缺乏与人交往的勇气，除非自己被他人接受，并得到自己不会受到批评的保证，否则就会回避与他人交往，拒绝与他人建立人际关系。

在电影《超体》中摩根·弗里曼（Morgan Freeman）

饰演的科学家，说过一段非常有意思的话："当环境恶劣时，生命就倾向于关闭掉和外界的交换，追求孤独永生；当环境好时，就会追求生命繁衍，而繁衍，是为了把知识传递下去。"这句话具有非常深刻的意义，一个生命如果对自身怀有信心，对外界具有掌控感，就会倾向于开放，相反，则会孤独封闭。

所以，如果你是一个自我封闭的人，或许你可以审视一下自己儿时的成长环境是否和谐、父母对你的支持是否充分。如果你在儿时生活的环境中遭遇的敌意太多，那么你就会倾向于将自己封闭起来。尽管现在的环境非常和谐，但你还是活在过去，不敢拥抱外部世界。因为只有一个人待在自己的孤独世界中，你才有掌控感。

有一种孤独是值得期待的，那就是在你精彩地活过，经历过沧桑，建立过丰富而有深度的关系，看过世界的多彩后，回归孤独。这时的你看起来是孤独的，但内心却是丰盈的；而有一种孤独却是需要警惕的，那就是你一直处于封闭状态，从未敞开过心扉。这种封闭状态下虽然可以诞生天才，有很多科学家、艺术家都很孤僻，梵高就是典型的例子，但天才毕竟是少数，多数孤独的人就只能活在与社会脱节的环境中。

因此，当你感觉自己陷入难熬的孤独世界时，要鼓足勇气，让自己走到关系中去。有关系的滋养，才能锤炼出有韧劲的生命力。

056

在30秒内快速达到目的

麦肯锡咨询公司的负责人有一次在电梯里遇见了自己的重要客户。这位重要客户问负责人："你能不能说一下现在项目的进度呢？"由于该负责人没做任何准备，也无法在坐电梯的 30 秒内把项目进度说清楚，所以最终失去了与这一重要客户再次合作的机会。

从这件事之后，麦肯锡咨询公司要求员工要在最短的时间内将自己的想法表达清楚，凡事要归纳在三条以内，因为一般人只记得住 1、2、3，记不住 4、5、6。

具体法则如下：

1. 直奔主题，直奔结果。
2. 给对方 3 个以内的理由说明对方为什么要听你讲。
3. 提出 3 个以内的解决方法供对方选择。

这就是如今在商界流传甚广的"30 秒电梯法则"，短小、精悍、简洁的沟通之法对公司及个人都至关重要。

057

亲密关系中的冷暴力

8

  首先，在亲密关系中，能够实施冷暴力的一方，一定是"高价值"的一方。注意这里的"高价值"是带引号的，因为这一方并不一定真的具有高价值，而是他认为自己具有高价值，其目的就是压制对方，让对方的行为更符合自己的心意。

  其次，人生活在这个世界中，一定会对这个世界中的其他人做出一些行为，其他人再给予其一些回应。一来二去，当一个人发现他的某个行为能够最有效地满足自己的诉求时，他的潜意识就会把这个行为记录下来。在下一次

　　碰到类似场景时，他就会自动启动这一行为，对对方进行
精准打击。所以，一个人如果认为自己采取冷暴力的措施
有效，那么下一次他肯定还会再用。

　　为什么男性比女性更常出现冷暴力行为呢？这可能就
要追溯男性与女性数百万年以来的社会分工以及择偶观了。
在远古时代，男性多负责狩猎，女性多负责采摘。男性在
狩猎的时候不能说话，因为一说话猎物可能就跑了，而女

性在采摘的时候多会聊天。这就导致了男性比较理性，不善言辞，倾向于自己直接解决问题；而女性在遇到问题时，则喜欢找他人倾诉，寻求帮助。此外，男性容易对比自己价值低的异性产生好感，而女性容易对比自己价值高的异性产生好感，再结合前文所说，所以男性常常实施冷暴力。但是，如果女性在关系中价值感高于男性，则另当别论。

总之，无论是哪一方实施冷暴力，消磨的一定是对方的忠诚度，所以有矛盾多沟通才是解决问题的上策。

058

认知失调：为自己的行为寻找合理性

在心理学上，思维被定义为人脑借助语言对事物进行概括和间接的反应过程。更直白点说，一个人的思维，表现为其对客观世界做出的反应。但我们每个人不仅会对外部的人和事做出评判，对自己也会做出评判，这个过程和结果，可以被称为"自我认知"。

一个人的自我认知会影响他对待自己和他人的态度，以及他的行为表现。如果一个人有积极的自我认知，相信自己有能力解决问题、取得成功，他就会更有自信，更勇敢地追求目标，并表现出积极的行为；相反，如果一个人有消极的自我认知，怀疑自己的能力和价值，他就会表现出退缩、自我束缚的行为。所以，从一定程度上来说，一个人的自我认知与其行为表现是和谐一致的。但有时候也会出现矛盾和冲突，即心理学家所说的"认知失调"。

1957 年，心理学家莱昂·费斯廷格（Leon Festinger）提出了认知失调理论，他认为当一个人的认知与行为之间存在冲突时，会感到心理上的不适。为了减轻这种不适，人会尝试改变自己的认知或行为，来使两者重新达成一致。这种改变不一致性的尝试包括转变自己的信念、寻求行为的合理化解释、逃避现实或者找到新的信息来支持自己的行为。

我们可以从认知失调的角度来解读生活中的许多现象。例如，有些人明知吸烟有害健康，却坚持吸烟。为了缓解吸烟有害健康这种认知与吸烟行为之间的冲突，他们可能会寻找各种理由来为吸烟辩护，或者强调吸烟的某些好处，比如缓解压力。

另一个常见的例子是借钱不还。大多数人都认同"借钱需要还钱"的规则，然而，有些善良的好人也会借钱不还。面对这种认知与行为之间的冲突，他们可能会感到心理上的不适。为了减轻这种心理上的不适，他们会给自己的行为找各种借口，比如"他们本来就应该帮我"，或者"他们有的是钱，不差我这一点"。这都是他们应对认知失调的表现。

　　认知失调深深地影响着我们的思考、感受和行为。它揭示了我们内心世界的复杂性，展现了我们在面对冲突和矛盾时的心理动态。通过理解认知失调，我们不仅可以更深入地认识自我，也能更好地理解他人。在应对认知失调时，我们需要学会面对和接受内心的冲突，找到恢复心理平衡的方法，从而实现更好的自我发展。

059

每个人都有可能希望别人不好

在人际交往过程中，似乎存在着一种规律，就是你过得越好，越有成就，你身边的朋友反而越不开心。比起陌生人，你的朋友似乎更不希望看到你成功。为什么会存在这样的现象呢？难道真的是因为人性本恶吗？当然不是。

人是社会性动物。如果一个团体中的其中一个人突然变得极为优秀，那就意味着他会脱离当前团体进入另一个层级。实际上，你的朋友不想看到的并不是你的成功，而是你成功了之后内心认为自己超越了其他人。因为如此一来，你就再也不需要当前团体内其他人的帮助了，而且你将会脱离这个团体，团体中的其他人也无法再得到你的帮助。

　　人生来就是自私的。每个人的潜意识都会从保护自身利益的角度看待问题。当你变得更好时，你的朋友就有可能讨厌你，甚至希望你偶尔遭遇失败。正因为这样，谦虚才变得尤为重要。在生活和工作中，你越是优秀就越要谦虚，这样才能规避人性的弱点，得到大家的认同。

060

自我暴露让关系更亲密

在人际关系中，建立信任是非常重要的。当我们与他人建立新的关系时，我们希望对方能够快速信任我们，与我们产生共鸣，并与我们建立密切的联系。自我暴露加上适当的自我性格的描述，是一种获取信任的有效方式。

自我暴露是有意识地向他人透露真实的个人信息（包括个人过往经历、家庭背景、兴趣爱好等）、想法、价值观、情感等的过程。通过自我暴露，我们主动敞开心扉，与他人共享更多信息。他人会感受到我们的坦诚和诚意，从而更容易对我们产生理解和信任。

通过自我暴露，我们为更深入的交流和联系创造了条件。在进行自我暴露时，我们需要注意以下几点。

首先，自我暴露讲究时机和尺度。在建立关系的早期阶段，我们可以透露一些简要的个人信息，例如兴趣爱好、喜欢的电影或书籍等。随着关系深入，我们可以逐渐透露一些更私密的信息。然而，我们应该避免过度暴露个人隐私，以免给对方造成心理负担和压力。

其次，自我暴露的内容应该是真实的。我们可以讲述与对方相关的信息，例如共同的经历或情感体验，以与对方产生共鸣和联系。我们应避免夸大其词或编造信息，以免影响信任关系。

再次，自我暴露不应该是单向的，而应该是双向的。要想建立信任关系，双方就要真诚交流，不能只有我们一方敞开心扉，也应引导对方倾诉和暴露。

我们还可以从一些例子中看到自我暴露的效果。例如，优秀的销售人员通常会在销售过程中运用自我暴露的方法与客户建立信任关系。他们会主动透露一些个人信息，如家庭情况或自身的一些经历。这样做是为了让客户感受到销售人员的真诚，从而更愿意与其建立业务联系；在旅游行业中，导游通常会被要求在旅行过程中推销一些商品或服务，例如当地特色产品、餐厅等。这就需要导游与旅客建立良好的关系，让旅客对其产生信任感和好感。自我暴露是导游在建立信任关系时常用的一种策略。通过适当的自我暴露，导游可以让旅客感受到自己的真诚。这样，旅客会更愿意相信导游的推荐。

061

把握磨合期，让感情更甜蜜

每段感情都会经历几个阶段，分别是热恋期、磨合期、平淡期、厌倦期。最容易分手的两个阶段是磨合期和厌倦期。

当热恋的激情渐渐褪去，双方的缺点也会慢慢暴露，此时恋人就进入了磨合期，没有了热恋期的滤镜，"完美情人"的人设开始崩塌，昔日你认为对方最可爱的地方，现在却变成了你最看不惯的地方。你们开始争吵、赌气、冷战。在这个过程中，你很可能会萌生"我们不合适"的念头，这个念头一旦出现就会像一棵嫩芽一样，在双方持续"浇水"的过程中长成一棵参天大树，到那时你们的亲密关系也就结束了。

如何度过磨合期似乎是个老生常谈的话题，在这里，我简单地总结了以下几个方法。

1. 不轻易给对方下定义。轻易给对方下定义的人，不值得交往。

2. 不怀疑。很多人在磨合期缺乏安全感，疑神疑鬼，不给对方留丝毫空间，这些行为只会让对方远离自己。

3. 不刻薄。此时此刻，你很有可能看不惯对方的一些行为，故意找一些理由抨击对方，无缘无故地挑刺。这样的做法只会让你们的关系变得紧张。

4. 吵架有底线，不说过分的话。很多人一吵架就跟变了一个人似的，什么话伤人说什么话。如果你真的珍惜这段关系就不要说太过分的话，不然一定会后悔。

5. 不冷战。冷战似乎是磨合期最常见的现象，它也是"亲密关系的第一杀手"，而且冷战只要发生第一次，就一定会有第二次、第三次，甚至一次比一次持续时间长。想要用冷战这个方法"教训"对方并不可取，只会让关系变得越来越糟糕。

最后，我想送大家一句话：真正的爱情不是最初的甜蜜，而是繁华过后依然不离不弃。

062

不要惧怕绽放自己的光芒

一个人的能力通常不能代表这个人的全部实力，而是这个人的人格优势和人格劣势平衡后的表现。

例如，一个有着外倾性人格的人和一个有着内倾性人格的人，在应对机遇和面临挑战时会有很大差异。具有内倾性人格的人善于思考，内心活动丰富，为人严谨，但他们在面临挑战时容易产生焦虑，因此，他们在解决问题方面往往表现得较为突出，但是在面临挑战时会表现出退缩的心理倾向。具有内倾性人格的人很难在外部世界展露出真实的自我，他们只有在独处时才会有放松的状态，因此，他们也很难在外部世界释放自己的能量。

而具有外倾性人格的人乐观、灵活机敏，善于交际和借力，具有较强的社会适应性。他们似乎生来就是属于外部世界的，在面临挑战时勇于尝试，在社交活动中开放而乐观，他们能够对外毫无障碍地表达自己的观点与想法，不过也常常难以避免因思考不足而出现问题。

具有内倾性人格的人在独处时从内汲取能量，而具有外倾性人格的人在社交中从外汲取能量。所以，如果一个具有内倾性人格的人长时间处在社交环境中，他会感觉神经紧绷、劳累，需要通过独处恢复能量；而具有外倾性人格的人如果长时间独处则会产生心慌、焦虑等情绪，需要进行社交活动，从外部世界汲取能量。

每个人的人格中都有内倾和外倾的部分。而且内倾性特点和外倾性特点并不是对立的，一个人只有综合发展自己的人格特质才能使自身能力得到更好的发挥。

如果一个具有内倾性人格的人开始变得开放，愿意拥抱外部世界，那么他的能力将会得到很大提升。许多成功人士就是在发展外倾性特点的同时依旧保有内倾性人格的特征，这使得他们在解决问题和面对挑战时都拥有了很强的竞争力。

　　同样，具有外倾性人格的人也需要培养自己的内倾性特征。如果一个具有外倾性人格的人可以变得沉稳，能够深思熟虑，那么他在领导力和决策力上会有很大的提升。

　　我们每个的真实能力远远比我们表现出来的大，所以请不要害怕绽放自己的光芒，最大限度地挖掘自己的潜能。

063

与人为善，与己为善

一个女人在一家肉类加工厂工作，有一天，当她完成所有的工作走进冷库例行检查时，门被意外地关上了，她被锁在了里面。她竭尽全力地叫着、敲打着，但大部分工人都已经下班了，没有人听到她的哭声。

5个小时后，当她濒临死亡时，工厂保安打开了冷库的门，奇迹般地救了她。

后来她问保安："你怎么会去冷库检查？这并不是你的工作。"

保安解释说："我在这家工厂工作了35年，每天都有几百名工人进进出出，但你是唯一一个每天早晨上班都向我问好，晚上下班也跟我道别的人。很多人把我看作透明的，今天你跟往常一样来上班，清晨向我问好，但是下班后我却没听到你跟我说'明天见'，于是我决定去工厂里面看看。我期待你的'早上好'和'明天见'，因为你的问候让我感觉自己也是一个受尊重的人。今天下班没听到你的道别，我猜想你可能发生了一些事，这就是我在每个地方寻找你的原因。"

与人为善，与己为善。真诚热情地对待自己身边的每一个人，是我们对他人和自己的最大尊重与爱护。

064

让劣势成为你的内驱力

在网络上流传着这样一个故事：三个人出门，一个人带伞，一个人穿雨靴，一个人空手，眼看天就要下雨。三个人回来时，拿伞的人湿透了，穿雨靴的人跌伤了，没拿伞也没穿雨靴的人却基本没被淋湿。原来雨来时，有伞的人大胆地走，但伞抵挡不住倾盆大雨，他被淋湿了；穿雨靴的人走泥路时，不小心跌倒了；没拿伞也没穿雨靴的人，大雨来时先找地方躲雨，路泥泞时小心翼翼地走，反倒无事。

当我们拥有某种优势时，我们可能不会重视这种优势，因此优势渐渐地变成了劣势。而当我们有某种劣势时，我们往往会倍加小心，努力弥补不足，最终使劣势不再是劣势。所以很多时候，我们不是败在劣势上，而是败在优势上。

当一个人认为自己有劣势时，他为了弥补不足往往比其他人更加执着、努力。阿德勒也曾说过："自卑是个体从平凡走向卓越的源动力。"科学的兴起是因为人类感到了自己无知；我们之所以努力学习，是因为我们意识到了自己的不足，需要努力改进。

有成就的人，并非没有缺点，但他们始终努力将劣势转化为优势。在走向成功的道路上，能够守住优势，并转变劣势的人，已经赢了大多数人。

065

多重人格障碍

多重人格障碍是一种心理疾病，我们经常能在影视作品或小说中看到它的身影。多重人格障碍的主要特征是多个人格相互交替，轮流掌控身体和意识。最初的人格被称为原始人格，后分裂出的人格被称为交替人格。原始人格与交替人格都拥有各自的认知模式，拥有不同的年龄、性别、种族、信念、智商和天赋，还可能会使用不同的语言。

经心理学家多年研究发现，多重人格障碍患者身体内出现的交替人格都有其内在目的。例如，患者可能会通过分裂出一个保护者的人格来拯救自己的原始人格，这种交

替人格通常比原始人格更加勇敢、睿智、坚强，也有可能具备原始人格不具备的某些技能或天赋。

多重人格障碍其实是人自身的一种保护机制。当人的生存环境极度恶劣或者正在经历极度可怕的事情时，为了保护自己，人体的保护机制就会启动，分裂出一个能应对当下情景的人格来掌控躯体。在第一个交替人格出现后，各式各样的交替人格往往会陆陆续续出现，其中可能包括智者、小孩、天才等。

多重人格障碍一旦形成，比较难被治愈，而且人格的交替也极不可控。

066

批评是一门艺术

一提起三明治，你首先想到的是不是香喷喷的面包里夹着火腿片或者荷包蛋？其实，心理学中有一种效应叫作"三明治效应"，它是指人们把一句批评的话夹在两句表扬的话中间说出来的现象。

举个简单的例子，比如你是一个老师，你的一个学生的数学成绩不理想，你可以和他说："一直以来，你表现得都不错，但这次的数学考试成绩有些下滑了，老师相信你下次一定会好好努力，赢得好成绩。"这种批评的方法就如同一个三明治，第一层表示认同、赞扬，第二层是批评或建议，第三层则给予鼓励、信任和支持。这样不仅不会使被批评者的自尊心受到伤害，损伤其积极性，还能让他愉快地接受批评，并努力改正自己的不足。

为什么三明治效应能让人欣然接受批评呢？首先，三明治效应起到了去防卫心理的作用。我们和他人沟通时，先说一些关怀、赞美的话，可以使沟通的氛围变得和谐，并能让对方静下心来与我们交流。如果一开始就疾言厉色，对方自然会产生一种防卫心理以保护自己。一旦对方产生了这样的心理，就很难再听得进批评的话了，甚至还会反驳。这时，即使我们的批评和建议是对的，也只是徒劳。其次，三明治效应可以消除被批评者的后顾之忧。一些批评总是让人心有余悸，即使结束了，被批评者也有惴惴不安之感。而三明治效应可以消除这样的感觉，因为它最终都是以鼓励、支持的话结尾，可以使被批评者重新振作，积极上进。最后，三明治效应能给被批评者留足面子。批评不是目的，只是手段，是为了使被批评者改善行为。这样的批评方式既有利于指出问题，又使人容易接受，自然能引导被批评者朝好的方向发展。

批评是一门艺术，掌握批评的方法与技巧，才能收获尊重与真诚。

第四章

处世与行事的
心理基本

067

女孩们的择偶观

很多女孩在择偶时经常说一句话："对方学历高低无所谓，有没有钱也无所谓，对我好就行。"说这句话的人听上去活得很通透，但真是这样吗？

我们说一个人对另一个人好，一般是指亲密关系中的一方能尽力满足另一方的需求，认同另一方的价值观，包容另一方的情绪，从而使其感动。但是人常常会被这种感动蒙蔽，单纯地认为对自己好的人"一好百好"。

这样的想法并不客观。简单地说，如果一个人天生腿部残疾，那么其他人用"瘸子"来定义这个人并不准确；

即使一个人天生易怒，易怒的性情也不能抹杀其人格中其他宝贵的优点。我们不能管中窥豹，只看到人身体或性格中的一个特点，便对其下定论。

在人际交往中，我们经常会被一个人突出的特点、品质吸引注意力，而缺乏对这个人其他特点和品质的了解。这种现象在心理学中被称为晕轮效应。

多数女孩都是感性的，这没什么不好。感性让她们更重视家庭，更关爱家人。但女孩择偶时要注意不能过于感性，掉入晕轮效应的陷阱，不要因为男孩一时对自己好，就认为他什么都好，还要多多深入了解男孩的其他特点和品质。

068

女性的第六感

女性的第六感比男性强。有研究发现，女性大脑的横向联系较为紧密，而男性大脑的纵向联系较为紧密。这就好比手电筒发出的不同光束，女性的宽而近，男性的则窄而远，所以女性的大脑收集的信息较多，而男性则较少。由于人的精力是有限的，所以意识只能处理一小部分信息，其余信息都会进入潜意识，潜意识会影响判断，这就是所谓的第六感。由于女性进入潜意识的信息是男性的数倍，所以相对来说，女性的第六感更为精准。

例如，当女性感觉自己的丈夫有婚外情时，其实是潜意识收集到的信息影响她做出了这个判断。由于是潜意识影响女性做出的判断，因此女性自身也对这个判断持怀疑态度，很容易就被男性缜密的逻辑思维推翻。

但我想通过一个真实的事件提醒女性，一定要尊重自己的每一个感觉。

一位大学老师在从自动取款机取钱时，遭到了一名持枪歹徒的抢劫。报警后当警察问起歹徒的长相及特征时，她表示由于当时过于惊慌没有留意。但奇怪的是，自从这件事发生后，她莫名其妙地开始讨厌自己班里的一名研究生。这名研究生有些胖、长发、喜欢穿格子上衣和黑色裤子。当其他人问她为什么讨厌这名研究生时，她解释说是因为这名研究生很邋遢、不洗澡、身上有味道……

3个月后她接到警方通知，说在学校附近抓到了一名抢劫歹徒，让她去指认。到达警局后，她一眼就认出了这名歹徒——有些胖、长发、穿着格子上衣和黑色裤子，与自己讨厌的那名研究生极为相似。实际上，她被抢劫时看到了歹徒的长相及特征，但是由于过于惊慌，这些信息并没有进入意识，而是进入了潜意识，所以她才会莫名地讨厌那名研究生。

至于她说的邋遢、不洗澡、身上有味道等，是因为她自身出现了"后情感合理化"的现象。简单来说，就是当她出现莫名的感觉时，她的大脑会去解释这件事情和这个感觉，将它们进行合理化，使她认为自身出现的每个行为和每个感觉都是合理的。

从我们出生的那一刻起，潜意识就开始影响我们的每一个行为、每一个决策、每一种情绪……所以请尊重自己的每一个感觉，因为它们都是有意义的。

069

"再来一次"的惊喜与渴望

人的大脑中存在着一块区域，刺激它能够让人对任何一件事上瘾。

20世纪50年代美国心理学家詹姆斯·奥尔兹（James Olds）与彼得·米尔纳（Peter Milner），在一次实验中将极为细小的电极埋于小白鼠的脑内，并通过这些电极施以电脉冲以影响小白鼠脑深处的活动。起初他们是想研究脑部电刺激对于学习的影响，但是在实验过程中，他们发现一只小白鼠的行为很奇怪。每当这只小白鼠走进迷宫的一个角落时，实验人员就会按一个按钮，让事先植入小白鼠脑中的电极通电以刺激小白鼠的大脑。然而，这只小白鼠并没有因此感到害怕，反而对这件事情乐此不疲。

事后科学家发现这只小白鼠的电极埋错了位置。为了找到小白鼠乐此不疲的原因，科学家调整了实验方案，将触发器连接在斯金纳箱中的踏板上，训练小白鼠按压踏板。之后，实验人员惊讶地发现当把电极接在小白鼠脑中某个特定的区域时，小白鼠就会疯狂地按压踏板。没错，小白鼠对按压踏板这件事上瘾了，而且使它疯狂到无暇顾及旁边的食物和水，直到精疲力竭而死。

上瘾的根源就是那块被刺激到的大脑区域，这块区域叫作快感中枢。人类的大脑也有这块区域，它决定了我们每一个人都有上瘾的可能性。

快感中枢为什么会导致上瘾呢？实际上，快感中枢是人身体内的奖励系统。当我们做一些事情得到了正向反馈时，快感中枢就会分泌少量的多巴胺让我们感觉到快乐。这一区域正在被人类逐渐发掘和利用。

目前世界上有大量的人专门在做让人行为上瘾的生意，他们可以通过各种方式设计出让人行为上瘾的产品。普林斯顿大学心理学博士亚当·奥尔特（Adam Alter）在其著

作《欲罢不能》（*Irresistible*）中将能够使人行为上瘾的方法归纳为六个。

第一个方法是诱人的目标。目标对于人的影响显而易见，每个人每时每刻几乎都活在目标中。口渴了，喝一口水止渴就是目标；饿了，吃一顿好吃的也是目标；努力工作，赚钱买房、买车也是目标……无论大小，凡是大脑想要去实现的皆是目标，人是无法脱离目标生活的。

然而，有些目标并不是我们自己心甘情愿制定的，而是他人硬塞给我们的。比如，之前某软件上出现的小游戏《跳一跳》，为什么一定要加一个排行榜？因为有了排行榜，我们才有想要超越的目标，才会有再来一局的动力。当我们超越了排在前面的某个人时，就会感受到快感中枢带来的快乐和愉悦。这就是用排行榜的形式硬塞给我们的目标。

第二个方法是轻易地进步。意思就是一定要让人在一开始就尝到一些甜头，门槛要低，比如《超级马里奥》和《愤怒的小鸟》有一个共同特点就是上手难度低，不需要任何教学打开就能玩，而且前面几个关卡往往都极为简单，为的就是让人不断过关，刺激快感中枢。

第三个方法是夸大的反馈。反馈能刺激人的快感中枢，使人感觉自己拥有掌控感。游戏厂商正是利用了人的这一特性，在游戏中设置了极为大量的玩家成就，玩家只要随便一玩，就会出现各种金币的弹响声、成就的解锁声，使人盲目乐观，欲罢不能。

第四个方法是渐进的挑战。如果没有逐渐升级的挑战，难度一成不变，那么慢慢地，快感中枢便感受不到刺激，也就不再分泌多巴胺。而渐进的挑战可以让快感中枢在每一次挑战成功后分泌多巴胺，激励人进行下一次挑战。其中的关键是要让挑战的难度与人的能力相近。如果挑战难度过大，大脑就会认为，人没有能力完成这项挑战，从而放弃分泌多巴胺。

第五个方法是随机的悬念。人们对于不确定性反馈异常痴迷，我们生活中有大量因不确定性反馈导致上瘾的案例，赌博就是其中之一。快感中枢会在赢钱的时候分泌大量的多巴胺，让人感到超乎寻常的愉悦感。

最后一个方法是令人痴迷的互动。人是社会性动物，所以得到他人的肯定是每个人的内心诉求。朋友圈的点赞，游戏中的组队、公会、声望都是互动的例子。正是因为互动，单机游戏被网络游戏打得溃不成军，以至于许多单机游戏厂商需要靠情怀来维持自己的创作热情。

在我们的生活中，上瘾已经成为一种极其普遍的行为。一旦你对某一事物上瘾，你的正常生活就会因其失去控制，身心健康也会受到严重影响。所以，我们在生活中要谨防让自己上瘾的一切事物。对抗上瘾，我们任重而道远。

070

睡眠效应

在市场交易中有这样一项保护消费者的制度，就是在合同订立后，消费者可以在一定期限内无需说明理由就退货，且不必承担任何费用和责任。这个制度被称为"冷却期制度"。

这种一开始认为"很好"，到后来觉得"不怎么样"的现象，以及一开始认为"没那么好"，后来却产生好印象的现象，在心理学中被称为睡眠效应。

有时，一些广告在发布后会被观众指责内容乏味、缺乏创意、表演拙劣等。但奇妙的是，也许就在广告商还在为广告反响不佳而懊恼时却惊喜地发现，广告产品的销量持续上升。挨骂的广告居然也能卖产品？广告商无心埋下的一颗种子，却意外开出了花。这就要归功于睡眠效应了。

我们可以在很多场景中巧用睡眠效应。

比如，在谈判陷入僵局时，我们可以提出"先吃午饭，等吃完后再做决定"的建议，让双方有一段冷静思考的时间。等重新谈判时，进展也许会异常顺利。

比如，在进行一番劝说后，给予对方一段思考的时间，会获得良好的效果。因为劝说者与劝说内容的暂时分离会增加信息的可信度，有利于被劝说者做出劝说者想要的判断。

071

面相识人的奥秘

面相识人到底有没有科学依据？答案是有。

早在 1876 年意大利精神病学家龙勃罗梭（Lombroso）就对此进行过深入的研究，他的代表作《犯罪人论》（*Criminal Man*）中包含了对 101 个意大利犯罪人头骨的研究，以及对 1279 名意大利罪犯的相貌分析。这部著作内容全面，条理清晰，结构合理，具有较高的科学性。

直至今天，长相与性格之间的研究也从未停止。2019年 4 月 12 日俄罗斯国家研究型高等经济大学和人文与经济开放大学的研究人员，提交了一项关于"面相识人"的最新研究成果，这项研究进一步证实了人类的性格与面部特征有关。这项研究成果于 2020 年 5 月 22 日发表在《科学报告》期刊上，论文标题为《用真实的静态面部图像评估五大人格特征》。

在人格科学研究领域，人格结构中的五种人格特质被称为"大五"，分别是神经质、外倾性、经验开放性、宜人性、认真性。研究人员以 12447 个志愿者为样本，根据志愿者提供的 31367 张面部图片，结合"大五"人格模型，完成了一份通过面部特征评估性格特征的计算模型。

也许在不久的将来，我们真的可以依靠人工智能，通过人的面部特征准确地分析出人的性格，为人们找到属于他们自己的最佳匹配者，比如为女孩寻找到合她心意的约会对象，为孩子寻找到他喜欢的家教等。

072

专注过程，而非结果

瓦伦达是美国一名著名的高空走钢丝表演者，在一次重要的表演中，他不幸失足身亡。他的妻子事后说："我就知道他这一次一定会出事。因为他上场前总是不停地说'这次太重要了，不能失败，绝不能失败'。而以前每次成功的表演，他只想着走钢丝这件事本身，而不去管这件事可能带来的一切后果。"

后来，心理学家把这种过于注重事情结果，总是患得患失的心态，称为瓦伦达心态。

美国斯坦福大学的一项研究也表明，人大脑里的某一

图像会像实际情况那样刺激人的神经系统。比如，当一个高尔夫球手击球前一再告诉自己"不要把球打进水里"时，他的大脑里往往会出现"球掉进水里"的情景，而结果也往往事与愿违，球大多会掉进水里。

这项研究再次说明了"瓦伦达心态"不可取。如果我们太注重事情结果，结果往往不尽如人意；相反，如果我们注重事情本身的过程及规律，专心致志地做好它，有可能会得到意想不到的结果。所以我们常说，心态最重要。

073

正确看待抑郁症

我们大多数人在遭遇挫折、面对失败、经历磨难时，都会产生抑郁情绪。这种情绪往往是暂时的，会随着时间的流逝而减轻，甚至消失。

但有一部分人，他们的抑郁情绪一旦出现，就很难再消失，久而久之便发展成我们常说的"抑郁症"。

一个人抑郁症的发生和其自身处境的艰难程度其实并没有直接关联。曾有调查发现，在物质丰富而精神较为空虚的环境中，人们更容易产生抑郁症。抑郁症患者经常感到绝望，看不到未来的光明，这种痛苦不受物质丰富或物质匮乏的影响。因此，我们不能简单地把快乐和痛苦与外在物质条件联系起来，而忽视个体内在的精神世界。

虽然抑郁属于负面情绪，但它的存在也会给个体带来一些"意外惊喜"。比如，一些有抑郁特质的人更善于自省，对于自己的思想、感觉和行为有很强的洞察力，因此他们对于自身以及周围环境的评价通常更加深入和准确。他们更有可能积极回溯自己过去的经验，以便更好地应对未来。细腻和对细节的执着可以帮助他们在艺术、科学或哲学等领域做出杰出的贡献。因此，抑郁症患者的特质虽然会让他们在日常生活中面临很多困扰，但同样也为他们的生活增加了独特的色彩。

抑郁症患者需要明白，抑郁症是可以被治愈的。请不要逃避，也不要刻意隐藏，鼓起勇气面对痛苦，敞开心扉，积极向外界求助，才是走向光明的关键。

074

非暴力沟通

马歇尔·卢森堡（Marshu Rosenberg）博士的非暴力沟通法则不仅可以解决人际关系中的矛盾和冲突，还解决过国际层面的争端。

卢森堡博士在《非暴力沟通》（*Nonvio-lent Communication*）这本书中通过三个部分让我们学会处理人际关系中的矛盾和冲突。第一部分是识别暴力沟通，第二部分是暴力沟通背后的原因，第三部分是非暴力沟通的四个要点。

先说第一部分，作者在书中指出有四个原因使我们的日常交流演变成了暴力行为，分别是道德评判、进行比较、回避责任和强人所难。

道德评判是指如果一个人的行为不符合我们的价值观，那么他就被视为是不道德的。其实在人际交往中我们永远都不应该以自己的价值观为标准去评判任何人。

进行比较其实也算是一种评判，比如，一个人做成了某件事，我们就以为他是优秀的，而另一个人没做到，我们就认为他是一无是处的。每个母亲口中都有一个别人家的小孩，通过拿自己的孩子与别人家的小孩做比较而对自己的孩子进行评判和指责，这种行为很容易引起暴力冲突。

每个人都要为自己的言行负责，然而总是有很多人以"我不得不……"的口吻来表达自己的无奈，试图给自己的行为找借口。这就是回避责任。

强人所难是指我们在要求别人时往往暗藏着威胁，这意味着如果对方不配合，他们就会受到惩罚。这是强者常用的手段。比如，父母就常会威胁孩子："你再不听话，我就不要你了。"

第二部分内容阐述了暴力行为背后隐藏着的深层次原因。作者认为如果我们对外部世界的看法是负面的，那么我们的言行和经历的事情也都将会是负面的。而我们对这个世界的看法，在很大的程度上是由人生经历导致的。比如，一个从小被父亲家暴的小孩，长大后的价值观很有可能会受到父亲的影响。他可能会因为憎恨父亲而将报复自己的父亲甚至整个社会当成人生目标。

第三部分，也是最重要的部分——如何进行非暴力沟通？作者在书中总结了四个要点，分别是观察、感受、需要、请求。

在日常生活中，我们可以通过这四个要点来建构语言，不断练习，让自己的沟通方式向着有爱的方向发展。

举个例子，老板交给员工一份非常重要的机密文件，千叮咛万嘱咐一定要保管好这份文件。结果呢？员工刚答应完，顺手就把文件放在公共会议室，出去吃饭了。老板看到后可能会非常生气地说："我给你的文件这么重要，你怎么能随便就放在公共会议室呢？"注意，这句话是在责备员工，是一种明显的暴力行为。

那如果用非暴力沟通的方式该如何表达呢？

非暴力沟通的第一个要点是观察，所以老板首先观察到的是员工把机密文件放在了公共会议室；第二个要点是感受。老板的感受是什么呢？首先，他肯定认为把文件放在公共会议室很不安全；其次，他会感到很失望，因为他已经嘱咐过员工要好好地保管文件，员工也答应了自己，可员工并没有当回事儿；第三个要点"需要"和第四个要点"请求"，指的是老板要先了解自己需要什么，然后再向员工提出请求。

经过这样的思考后，便可以用非暴力沟通的方式完整表达出来："我看见了我刚才给你的重要文件，你把它放在公共会议室了，我担心不太安全，会议室里人来人往的，让客户看见就不好了。这么重要的文件既然交给你了，还是请你妥善保管。"这就是非暴力沟通的表达方式。

如果我们熟悉了这样的沟通方式，我们和别人的关系也会变得更加友善、平等。

075

对人过敏的人，应该提升钝感力

你是否听过"人际过敏"这个词？它是指个体在面对人际关系时过度敏感，通常表现为过度理解他人的反应，以及对人际交往中的不确定性极度恐惧。

在当今快节奏的社会生活中，我们经常面临压力、挫折和不确定性。愤怒、焦虑和抑郁似乎成了常态。然而，如果我们能够培养和提升自己的钝感力，我们就能更好地理解和应对这些情绪，从而养成更健康的心理状态。

钝感力是我们在面对生活中的挑战和逆境时所展现出的一种承受力和适应能力。钝感力并不是让我们抑制自己

的情感或抱有消极的人生态度，而是让我们提升对情绪的管理能力。

要想提升钝感力，有个比较立竿见影的方法，就是"认知重塑"，认知重塑的核心就是改变看待问题的视角，从更多维的角度理解我们所遇到的困难和挑战。例如，一个朋友取消与你见面，可能不是因为他不喜欢你，而是因为他有更迫切的事情要处理。这样，你就能更理性地去看待这件事情，不让自己的情绪失控。

在提升钝感力的过程中，我们需要不断地练习认知重塑，以便更好地掌握这种能力。这可能需要一些时间，但只要我们持续练习，有耐心与决心，就能逐渐提升钝感力，使自己那颗玻璃般脆弱的心变得坚固。

最后，我想强调的是，我们需要持一种开放的态度去面对生活中的挑战和困难，既要接纳自身感受，也要尊重他人观点。每个人都有自己独特的情感反应和处理问题的方式，没有对错之分，而且这正是我们人类具备复杂情感体验的证明。只有理解并接受这一点，我们才能真正提升个人的钝感力，在生活的洪流中保持内心的平静。

076
解开埋藏在内心的奥秘

心理学家西格蒙德·弗洛伊德（Sigmund Freud）曾对梦的意义进行研究，并在其学术著作中首次提出了潜意识的概念。

弗洛伊德在治疗病人的过程中发现通过对病人的梦进行分析，可以找出其精神病症的根源，由此延伸出了一套释梦理论。这种方法不仅适用于精神病人，也同样适用于正常人，所以他在研究中大量地分析了正常人的梦境，其中包括很多他自己做的梦，比如关于伊尔玛打针的梦。

有一位名叫伊尔玛的女患者，曾经在弗洛伊德的诊室

就诊。由于她不同意弗洛伊德的治疗方案，于是就终止了治疗。一段时间后，弗洛伊德在他的朋友奥托那里听说，这位女患者的病情并没有好转，奥托的言语之中似乎有些指责弗洛伊德治疗不当的意思。结果当天晚上他就做了一个梦。

他梦见自己办了一个聚会，伊尔玛也在场，并向他抱怨自己的病情。然后弗洛伊德就对她说，正是因为她没有采纳自己的治疗方案，所以才会这般痛苦。然后伊尔玛又抱怨自己喉咙痛和肚子痛，这让弗洛伊德怀疑她得的不是精神类疾病，而是生理性疾病。之后，一位医学权威给伊尔玛诊断，并确认伊尔玛的身体确实存在严重的感染。随后，奥托给伊尔玛打了一针，但是弗洛伊德发现奥托打的这个针根本不是"对症下药"，肯定不会有效果。

这个梦境是什么意思呢？

弗洛伊德对自己内心的想法进行分析后，他发现这个梦的核心就是帮自己推卸责任。

首先，他在梦里直接指责伊尔玛的病没有好转是因为她不听自己的，这都是她咎由自取；其次，他又梦见伊尔玛的病痛实际上是由感染造成的，不是精神类疾病，这就让他完全摆脱了责任；再次，他梦见奥托给伊尔玛打了完全不对症的针，这就说明奥托的判断是有误的，也就可以说明奥托对他的指责是不成立的，他也就不用再对伊尔玛的病负责了。

弗洛伊德提出梦的动机是一种欲望，而梦的内容则是对欲望的满足。这也是弗洛伊德释梦论的核心。

看到这里，有人可能会问：如果说梦确实是为了满足欲望，那么又怎么解释那些痛苦、焦虑的梦呢？

对此，弗洛伊德的回答是，痛苦、焦虑的梦其实也是对欲望的满足，只不过在这些梦中，人的欲望藏得很深，更难觉察罢了。

他举了一个例子。一位女患者，她的姐姐有两个儿子，大儿子不幸夭折，整个家庭都沉浸在悲痛之中。然而，有一天晚上，这位女患者居然梦见姐姐的小儿子也死了，她正在参加他的葬礼。这种情况绝不是她希望的，这让她悲痛不已。这个梦怎么会是对她的欲望的满足呢？

弗洛伊德通过分析发现，这位女患者早年喜欢上了她姐姐的一个男性朋友，当时因为姐姐的百般阻挠没能和他在一起，两个人也因此断了联系。可是在姐姐大儿子的葬礼上，他看到了这位很久没有见过面的男性朋友，并发现自己依然深爱着他。于是，她做了这样一个梦。因为如果姐姐的小儿子也死了，她就又能在葬礼上看到这位心上人，这正好满足了她的欲望。

所以弗洛伊德认为，所有梦的本质都是对欲望的满足。

弗洛伊德还发现那些需要通过分析才能展现出的欲望，往往是被潜意识排斥的，或者说是因为不符合道德规范而让人羞于启齿的。

这就好像电影公司要拍摄一部电影，剧本要送去审查，如果发现里面有不符合规范的内容，就会被退回修改。但是为了不破坏剧情，可能需要一些修辞手法对剧本进行修改，使其符合规范。这种机制被弗洛伊德称为稽查机制。

稽查机制不但在人清醒的时候发挥作用，在人睡着的时候也会对人的思想进行筛选，不让不符合规范的想法通过。正是因为稽查机制的存在，弗洛伊德察觉到其实人的意识并不能包含所有的精神活动。人精神世界中的很大一部分是意识无法触及的。这种存在于人的精神世界中但无法被触及的部分被弗洛伊德命名为"潜意识"。"潜意识"的提出具有划时代的意义，它也是精神分析疗法的基石。

弗洛伊德指出，正是因为稽查机制的存在，潜意识层面的各种欲望才无法直接进入意识层面。

那这些欲望该怎么办呢？它们只能通过伪装来绕过稽查机制，最后呈现在意识层面，使人的欲望得到满足，这个过程被弗洛伊德称为梦的伪装。

基于这种分析，弗洛伊德把梦分成了两个层面。一个层面是表面上的梦的内容；一个层面是通过分析才能够认识到的梦的真正意义。解梦者要做的，正是通过分析来识破梦的伪装，找到梦的真正意义。

梦是和其他精神活动同等重要的独特精神活动，它的本质是对欲望的满足。弗洛伊德以理性和客观的态度去探索人类的精神世界。他对人类潜意识的洞察、对人格结构的分析及对心理内驱力的发现，直至今日仍在心理治疗中有着广泛的应用。

而更为重要的是，精神分析不仅仅是一种心理理论，它对艺术、哲学等领域的影响也是深远的。这也是弗洛伊德在西方乃至整个人类思想史上占据重要地位的原因。

077

期望的力量

1968 年美国著名心理学家罗森塔尔（Rosenthal）和雅各布森（Jacobsen）来到一所小学进行一个实验。他们从每个年级中选 3 个班，进行了一次煞有介事的"智力和未来发展趋势测验"。

测验结束之后，罗森塔尔将一份"最聪明、最有发展前途者"的名单交给了校长和相关老师。出乎很多教师的意料，名单中的一些孩子平时表现平平，甚至还有些水平很差。

对此，罗森塔尔解释说："请注意，我讲的是他们以后的发展，而非现在的情况。"鉴于罗森塔尔是这方面的专

家，教师们认可了这份名单。

而后，罗森塔尔又反复叮嘱教师不要把名单外传，只准教师们自己知道。8个月后，罗森塔尔和雅各布森又来到这所学校，并对之前选出的各班学生进行了观察和研究。他们惊讶地发现，出现在名单上的学生的成绩都有了显著的进步，而且性格更为开朗，更乐意与别人打交道，求知欲望强烈，敢于发表意见，与教师的关系也特别融洽。

实际上，这是罗森塔尔和雅各布森进行的一次期望心理实验。名单上的学生是他们随意挑选的，罗森塔尔根本不了解那些学生，而且也没有提前测试这些学生的知识水平和智力水平——罗森塔尔撒了一个"权威性的谎言"。

但是这个"谎言"却成真了，为什么呢？因为教师们确信名单上的学生很有发展潜力，并因此寄予了他们很大的期望。教师们在上课时，无意识地给予这些学生充分的关注，通过眼神、表情、音调等各种方式向这些学生传达"你很优秀"的信息。这些学生也感受到了这种期望，所以他们潜移默化地受着影响，结果真的取得了很好的成绩。期望常常可以发挥强大而神奇的威力，让被寄予期望的人朝着更好的方向发展。

078

摆脱思维定式的束缚

你能否跳出思维的固定框架，摆脱一直以来的思考方式，探索新的解决问题的途径？

我们的大脑既可能让我们拥有无限的想象力，也可能成为一个巨大的监狱，将我们囚禁其中。这是因为每个人的大脑中都储存着各种各样的经验和知识，这些经验和知识随着成长积累起来，让我们形成思维定式。思维定式也称惯性思维，在情境不发生变化时，思维定式能让我们快速解决问题；而在情境发生变化时，它则会禁锢我们的思维，使我们无法对周围事物形成全面的认识。

如果我们一直固守在自己的"认知舒适区"里，不能摆脱思维定式的束缚，那我们很容易错过新的机会。以下方法可以帮助我们开拓思维，打破常规。

1. 变换视角。尝试从不同的角度看待问题，换位思考，想象如果自己站在他人的立场上该怎样看待问题。这种视角的转换可以帮助我们发现新的解决问题的方案。

2. 思维导图。使用思维导图梳理想法，可以整合分散的想法，帮我们找到解决问题的新思路。

3. 多元思考。鼓励接触多样的观点和思考方式。乐于倾听他人的意见和观点，与不同背景和经验的人互动，从他们的思维中汲取灵感。

4. 实验和尝试。积极地尝试新的想法和方法，不断进行实验。避免对失败或错误过度反应，将其视为学习和成长的机会。

5. 自我反省。定期进行思维和行为的自我反省。审查自己的思维模式和偏见，意识到自己的思维定式并努力摆脱思维定式的束缚。

6.长期学习。不断学习新的知识和技能，开阔眼界。通过不断学习，你将获得更多的思考工具。

摆脱思维定式的束缚是一个持续的过程，需要耐心和坚持。运用以上这些方法，我们将逐渐培养出更加灵活的思维方式。

079

读懂破窗效应，摆脱破罐破摔

美国心理学家菲利普·津巴多（Philip Zimbardo）曾做过一个实验，他将两辆汽车分别放在杂乱的贫民区和整洁的富人区。他将放在贫民区的那辆车的车牌摘掉，顶棚敞开，一扇窗户打破。结果，记录设备还没有陈设好，第一组破坏者就出现了。经过几轮破坏，车已经面目全非。而放在富人区的车，最开始没有提前被破坏，完好无缺地摆在那里。人们从它身边路过，整整一星期，都没有人对它"下手"。之后，菲利普也把这辆车子的一扇窗户打破，一个星期后，它的下场和摆在贫民区的那辆车一样。这就是心理学中的破窗效应，如果环境中的不良行为被放任，就会诱使更多的人效仿，造成更极端的后果。

"第一扇破窗"常常是事情恶化的起点。面对"第一扇破窗"，人们常常自我暗示：窗是可以被打破的，不会遭到任何惩罚。这样想着，人们就会在不知不觉间放任自流。比如，我们大热天走在路上，买了根雪糕，但找了半天都没有找到能扔包装纸的垃圾桶。这时，我们看到一个散落着一些垃圾的角落，是不是就默认这里能扔垃圾了呢？如果其他人也这么认为，垃圾势必会越来越多，我们离文明也就越来越远。

许多人常常抱怨环境恶劣，但人和环境是互相影响的。环境是人的行为的体现，可人们很少反思自己的言谈举止。他们常常盯着社会的阴暗面，结果自己的心灵变得狭隘，行为变得无序，成为社会上的一扇"破窗"。

千里之堤，溃于蚁穴。我们不仅不能从众做打破窗户的人，还要努力做修复"第一扇破窗"的人，正所谓"勿以善小而不为，勿以恶小而为之"。

080

来自星星的孩子

这个世界上存在这样一群孩子，虽然与我们一样生活在人世间，却固守着天赐的孤独，他们就是自闭症患儿。

有人可能会问，自闭症患儿眼中的世界到底是怎样的？或许，我们可以将世界看成一款游戏，我们每个人都是游戏中的角色，我们可以轻松理解游戏中其他角色的动作、言语和表情，也可以与其他角色进行沟通交流和互动。总之，我们可以轻松地适应游戏中的一切设定，而自闭症患者就好像是游戏外的角色，突然穿越到了游戏当中。他们沉浸在自己的内心世界中，很难理解别人所传递的信息，

也很难与别人正常交流。在我们眼中，他们就像来自星星的孩子；在他们眼中，我们由图像、声音、颜色组合而成的物体。

在一些影视作品中，自闭症患儿拥有超群的记忆力，拥有无限的发展可能性。但事实上，据统计，只有 5% 的自闭症患儿能表现出非凡的技能，而这些技能也无法给他们的生活带来好转。

2015 年发布的《中国自闭症儿童发展状况报告》显示，我国自闭症患儿超过 1000 万，自闭症不仅是患儿的灾难，也给他们的家庭带来了悲剧。大多数自闭症患儿的生活无法自理，因此父母中的一人不得不放弃工作，全职照看，终身陪护，这对家庭收入造成了严重影响。《中国自闭症教育康复行业发展状况报告》指出，中国 46.5% 的自闭症家庭中，用于孩子康复的费用超过总收入的 50%，近 30% 的家庭无力支付康复费用，靠负债给孩子做康复训练。

值得欣慰的是，在党和政府的重视下，自闭症儿童在康复和教育方面得到了实质性的帮助。"十三五"期间我国各地普遍增加了义务教育阶段特教学生人均公用经费，2016 年将人均公用经费最低标准提到了 6000 元，2018 年国务院又出台了《国务院关于建立残疾儿童康复救助制度的意见》。出台后，各省民政部门也相继出台了本省残疾儿童救助制度的指导方案。

经济和教育问题可以靠政府来解决，但是让自闭症患儿真正融入社会还得靠每一个普通人的关爱。他们是来自星星的孩子，与我们共同生活在这个地球上。帮助弱势群体，我们任重而道远。

081

得到的就是最好的

有一则古老的寓言是这样的：有只狐狸原本想找些可口的食物，但找寻了很久都找不到，只找到一个酸柠檬。但它却说："这个柠檬是甜的，正是我想吃的。"这种只能得到柠檬，就说柠檬是甜的的自我安慰现象，被心理学家称为甜柠檬效应。

在日常生活中，甜柠檬效应随处可见。比如，我们买了一件衣服，回家后再次试穿时，又觉得不是那么喜欢这件衣服的颜色了，价格也有些贵。但和别人介绍起这件衣服时，我们可能会强调，这件衣服是今年流行的款式，面

料也很好，贵有贵的道理；又如，我们假期去旅游，旅游景点人山人海，酒店也比平常贵了不少，旅游体验并不是很好。但回家后，我们可能会告诉朋友"玩儿得很开心，虽然人有些多，但景色很好"。

甜柠檬效应让我们对已经发生的不满意或不愉快的事情，通过合理化的方式，使事情对自己的负面影响减轻，变恶性刺激为良性刺激。这样可以缓解自己内心的痛苦和失望，避免过度焦虑，毕竟很多事情都不会像我们期待的那样一帆风顺。

但从另一个角度看，甜柠檬效应也有消极的一面。比如，当我们遇到挫折时，甜柠檬效应可能会促使我们找借口安慰自己，明知自己的缺点却不能正确面对，这不利于问题的解决，也不利于个人的发展。所以，当我们面对挫折时，不能只停留在自圆其说上，应该学着稳定情绪，冷静、客观地分析问题，找到改进方向。

082

白象效应

如果我说在接下来的一分钟内，你做什么都可以，就是不要去想一头白色的大象，你能做到吗？是不是发现越是强调不要想，脑海中大象的形象反而越清晰？失恋时，一遍遍地叮嘱自己不要再想对方，最后却更想念对方。这就是白象效应。

白象效应又称反弹效应，也称后抑制反弹效应。美国哈佛大学社会心理学家丹尼尔·魏格纳（Daniel Wagner）做过一个实验，他要求参与者尝试不要想象一头白色的大象，结果人们的脑海中很快浮现出一头白象。

其实，当人刻意转移注意力时，思维也开始出现无意识的"自主监视"行为——监视自己是否还在想不应该想的事情，这使人无法从根本上放弃对不该想的事情的关注。

白象效应不仅仅对思维产生作用，在行为抑制方面同样起作用。当人有意地避免一种行为出现的时候，这种行为反而会变得更加吸引人。

心理问题和情绪也是如此，焦虑感越压抑越严重，紧张的情绪越想克制就越猛烈。其实要想摆脱白象效应，我们可以这样做：

1. 顺其自然。对于所有无法改变、不可预知、难以掌控的事情，没有比顺其自然更有效的方法了。如果问题有解，你何必焦虑？如果问题无解，焦虑又有何用？

2. 分散注意力，专注于其他事情。如果努力赚钱能让你忘掉痛苦，那就努力赚钱，让自己忙碌起来；如果吃一顿美食或睡一觉能让你忘记不开心，那就去吃一顿美食或睡一觉。

3. 改变教育方式。在教育孩子的时候，把"不要做

××"改成"可以这么做"，这样能减少孩子的逆反心理。

4. 不要太压抑或太克制。越压抑就越反弹，给自己时间，让该过去的过去，让该来的来。

083

边缘型人格障碍

○

　　这个世界上有一种人，他们可能永远都得不到幸福，一旦得到幸福，他们就会怀疑它的真实性，然后亲手毁掉这来之不易的幸福。一旦有人对他们好，他们就开始不断挑毛病、抱怨，让人忍无可忍。这种人就是边缘型人格障碍患者。

　　边缘型人格障碍患者有 4 个特征，即不稳定的人际关系、不稳定的情绪、不稳定的自我意象和明显的冲动性。

　　他们具有极强的掌控欲，特别是对自己的爱人和亲人。他们的内心住着一个受伤的小孩，对孤独和被抛弃非常恐惧。当被人在乎、被人爱时，他们的内在小孩会对他们说："这一切都只是暂时的，随时都会消失，你永远都得不到幸福！"

边缘型人格障碍患者的潜意识中有"不稳定的自我意象"，他们无法清楚地认识和界定"我是谁"，所有不稳定的情绪和不稳定的人际关系都与他们内在缺乏稳定的自我认知有关，而这种认知上的问题是导致其他问题出现的核心原因。由于缺乏稳定的自我认知，他们常常会根据所处环境、在场他人的反应等去调整自己表现出来的个性特征、人生目标与价值观等。所以，他们的自我价值感低。他们会不断地去验证"我是一个不会被抛弃的人""我是一个值得爱的人"。

边缘型人格障碍之所以会产生，多是因为在童年时期父母对他们的情感需求回应不及时甚至不回应。如果你有一个这样的朋友，请多给他一些包容，建议他寻求专业的心理帮助。

084

表面快乐的人更容易受伤

阳光抑郁症又称微笑抑郁症。从表面上看，患有阳光抑郁症的人是非常快乐和充满激情的，给人一种笑容满面、积极向上的印象，也能给周围的人带去快乐。和朋友在一起时，他们是气氛的活跃者；但是，当他们独自一人时，常常会陷入无能为力、内心隐痛和情绪低落的消极状态中。快乐，并不是他们内心深处的真实感受，表面上装得积极、热情对他们来说是一种负担。

患阳光抑郁症的人往往在很多领域里比较优秀，他们为了维护自己在别人心目中的美好形象，会刻意掩饰自己

的情绪，即使在最亲近的人面前，他们也不愿意透露自己内心的真实想法。天生的幽默感和优秀的社交能力能很好地掩盖他们内心悲伤的情绪。而当他们再也无法承受巨大的压力时，他们的反应也是巨大的。他们很可能会从一个极度自信的人变成一个非常自卑的人，进而怀疑自己各方面的能力。

阳光抑郁症不仅是一种心理上的疾病，而且还有可能引发身体疾病。阳光抑郁症患者过度理智地压抑情绪，这极有可能导致身体出现不适，甚至导致神经系统被损害。

085

心理盲区让人陷入不健康的恋爱关系

爱情是人类生活中最美妙的体验之一，但为何我们有时会陷入不健康的恋爱关系？

心理盲区是在恋爱中经常出现的一种心理现象，它使我们将恋爱对象理想化，无法真正了解恋爱对象的真实性格，也无法准确评估与其建立健康关系的可能性。

心理盲区常常造成恋爱中的人的选择性感知，即只能看到恋爱对象积极的一面，而忽略其缺点。恋爱中的人沉醉于浪漫的幻想中，坚信恋爱对象能够满足自己的期待和需求，忽视了二人欠缺互补性和相容性的迹象。

心理盲区还会使一些恋爱中的人出现情感依赖。如果一个人在早年生活中缺少健康的亲子关系。那么其成年后会容易被不健康的恋爱关系吸引，为了追求情感的满足，他们往往会忽视不健康的行为模式，忽略好的关系是需要平等沟通的。容易产生心理盲区的人，对自己的价值观、需求是缺乏正确的认知的。因此，他们会偏执地在爱情中寻求满足和肯定，即使这个过程使自己非常痛苦，也在所不惜。

086

关键不在于说什么，而在于怎么说

如果医生告诉病人，手术有 85% 的概率会成功，那么很多病人都会同意做手术；但如果换一种说法，医生告诉病人，手术有 15% 的概率会失败，那么很多病人就不敢做手术了。

人对于事件的陈述方式会影响听者对事件的初步认知，这就是心理学中的框架效应。这个"框架"的作用是将听者的思维"框"在说者所给出的架子里，进而影响听者的判断和行为。

比如，面对同样因为商品价格高而犹豫的顾客，一家店员总是说："别看它贵，但是它的质量好。"而另一家店员却说："它只是看上去贵，其实算下来，一天都用不了一杯咖啡的钱，一点儿也不贵。"你会选择在哪一家成交？我想应该是后一家吧。

框架效应的发生时常与"损失厌恶"有关。当消费者感觉某一价格带来的是"损失"而不是"收益"时，他们对价格就格外敏感。所以，在劝说或者谈判中，我们不妨改进自己的陈述方式，比如用类比等方式陈述事件，帮对方找到有利的证据佐证行动带来的好处。

框架效应给我们的启示是：沟通的关键不在于说什么，而在于怎么说。

087

有行为就有动机，有动机就能判断

人有各种欲望，为了满足欲望，人的大多数行为都有目的性，即我们所说的动机。因此，我们可以通过人的行为推测其动机。

动机分为两种，第一种是直接动机，第二种是间接动机。例如，一个人饿了去吃饭，我们就可以通过吃饭这个行为判断出这个人的直接动机是为了填饱肚子；而间接动机就没有那么简单了，我们需要拥有强大的场景预演能力和逻辑思维能力，才能判断出他人的间接动机。我给大家总结了几个关键要素来帮助大家判断他人的间接动机：

1. 对方的智力水平。

2. 对方的性格特征。

3. 对方的文化程度。

4. 对方的社会角色。

5. 对方的性别和职业。

以上这 5 个关键要素能够帮助我们判断他人的间接动机。我们得知的信息越多，在判断他人的动机时就越准。如果我们能够准确地判断他人的动机，那我们就更容易与他人拉近距离。

第五章

活好与自在的
心理基本

088

心态决定一切

有一对性格迥异的双胞胎，哥哥是彻头彻尾的悲观者，弟弟则是天生的乐天派。在他们 8 岁那年的圣诞节前夕，家里人希望改变他们极端的性格，所以为他们准备了不同的礼物。给哥哥准备的礼物是一辆崭新的自行车，给弟弟准备的礼物则是满满的一盒马粪。

拆礼物的时候到了，所有人都等着看他们的反应。哥哥先拆开了他那巨大的礼物盒子，竟然哭了起来："你们知道我不会骑自行车，而且外面还下着这么大的雪。"

正当父母手忙脚乱地哄他高兴时，弟弟好奇地打开了属于他的礼物盒子，房间里顿时充满了一股马粪的味道。出乎意料，弟弟欢呼了一声，然后就兴致勃勃地东张西望起来："快告诉我，你们把马藏在哪儿了？"

这个故事描写的正是悲观者与乐观者之间的差别。他们虽身处同一个世界，但看到的却完全是两个截然不同的世界，自然也有着不同的结局。

乐观者性格开朗，待人真诚，能够更积极乐观地看待问题。在他们眼中，自己对他人真诚，而他人若对自己不真诚，大可换人处之。因为他们开朗、乐观、热情洋溢，很容易招人喜欢，因此他们常常有相当不错的人际关系，也善于巧妙地利用社会资源来帮助自己达到目的，所以他们通常认为，事情只要着手去做，多半会成功。

而悲观者总是以防御姿态示人，他们虽内心真诚，但由于防御姿态过于明显，难免会透露出一些敌意，所以这会给身边人带去压力。当机会来临时，他们常犹豫不决、踌躇不前，缺乏当机立断的勇气。

一个悲观者习惯于消极地看待问题，自然也不善于积极地解决问题。面对人生中的挫折，他们败给的往往不是别人，而是自己的悲观心态。

089

你并没有你以为的那么重要

人们很容易高估别人对自己外表和行为的关注程度。其实在他人眼中，你并没有那么重要。例如，在演讲时，观众并没有那么在乎你的表现，所以即便你有一些失误，观众也不会太在意。多数人只会记住自己出糗的事，而对别人的糗事则一笑而过。

很多时候，正是因为你对自己过分关注，所以会认为别人也会特别关注自己，总觉得自己是人们视线的焦点，自己的一举一动都被"监控"，其实这正是焦点效应（指人们往往倾向于将自己视为一切的中心，并高估他人对自

己的关注程度）的表现。社交恐惧的产生也有这方面原因，社交恐惧者比其他人更容易被焦点效应影响，他们会过于在意自己的社交失误和其他人对自己的看法和评价。

其实，大多数人都不会把焦点一直放在另外一个人身上。那些让你辗转反侧、难以入睡的尴尬时刻，别人很可能压根没注意到，即便注意到了也会很快忘记。所以，你可以大胆地去尝试展示自己，即使出现失误也不要紧，重要的是汲取经验，以便在下一次做得更好。

090

扛得住诱惑，才能守得住繁华

心理学家曾经做过一项实验，他们召集了一些孩子，分发给孩子们一些糖果，并告诉孩子们，如果现在吃，只能获得这一颗糖果；如果 20 分钟后再吃，则能够获得第二颗糖果。一部分孩子禁不住诱惑，在拿到第一颗糖果的时候就选择立刻吃；而另一部分孩子能够抵抗住诱惑，在 20 分钟后获得了第二颗糖果。

从 1981 年开始，心理学家就对被试儿童进行追踪。研究发现，当年马上吃掉糖果的孩子，无论是在家里还是在学校，都更容易出现行为上的问题，考试成绩也较低。

他们通常难以面对压力，注意力总是不集中，而且很难维持与他人的友谊；而那些可以等上 20 分钟再吃糖果的孩子，不仅在学习成绩上比那些马上吃掉糖果的孩子高出了很多，而且很少出现行为上的问题。

实验并未到此结束，研究人员继续对当年的被试儿童进行追踪，直到他们 35 岁。结果表明，那些能够抵抗住诱惑吃到两颗糖果的孩子，成年之后无论是在事业方面还是在财富方面都超越了马上吃掉糖果的孩子。而那些马上吃掉糖果的孩子，成年后普遍体重过高，还有的出现一些上瘾问题。这说明延迟满足能力强的孩子具有更高的自我控制能力，能够为了更大收益而主动放弃当下的享受，自然也更容易把自己的人生经营好。

令人震惊的还有，心理学家发现在 19 个月大的孩子身上也可以看出延迟满足能力的差异。他们把孩子从母亲身边抱走，观察不同孩子的反应。结果，有些孩子立刻哇哇大哭，另一些则可以通过转移注意力来缓解因母亲离开产生的焦虑情绪，比如玩玩具。当这些孩子 5 岁大时，研究人员给他们做了同样的糖果实验。结果显示，当初哇哇大哭的大多数孩子长大后依然无法抵挡糖果的诱惑，所以延迟满足的能力很有可能还受先天因素的影响。心理学家还给不同家庭条件的孩子做了同样的糖果实验，他们发现家庭条件不好的孩子延迟满足的能力低于平均水平，尽管心理学家并不愿意轻易下这样的结论。

心理学家提供了一个通过后天培养延迟满足能力的方法——或许可以通过教孩子们用不同的方式看待糖果来培养延迟满足的能力，比如把糖果看成一幅画。如果孩子们能够提升延迟满足的能力，提高自我控制能力，那么他们长大后就更能抵挡住外界的诱惑，走好自己想要的人生道路。

在一个人的人生道路上，在追求目标的过程中，一定会遇到种种使人难以坚持下去的诱惑。如果一个人可以在没有外界监督的情况下适当地控制、调节自己的行为，抑制冲动，坚持不懈地保证目标的实现，那必将会获得卓越的人生体验。

091

越蹉跎岁月，越害怕死亡

死亡焦虑似乎是一个很遥远的话题，但死亡却是每一个人都要经历的人生环节。 当一个人的生命即将走向终点时，死亡焦虑也随之而来。很多人在成长过程中遭受过重大的生命挫折，这导致他们内心深处有强烈的死亡恐惧，在以后的人生中再经历事故、疾病或心碎事件时，死亡焦虑就会被触发。死亡是我们每个生命体的最终归宿，当我们能够真正直视死亡，放下心中执念时，我们才能走出死亡焦虑，更放松、坦然地生活。美国心理学家欧文·亚隆（Irvin Yalom）在其著作《直视骄阳》（*Staring at the sun*）

中针对死亡进行了深刻的剖析，正如亚隆所说："死亡是骄阳，与其背过身活在它的阴影中，不如直面骄阳。只有看到死亡，才能去处理它，超越它，找到与它共处的方式。"

亚隆将能引发一个人对死亡清晰觉察的体验称为"觉醒体验"，而且他认为，一些场景或事件是可以触发"觉醒体验"的：

· 亲人离世；

· 身体某个部位长期不适；

· 亲友患上重大疾病；

· 亲密关系破裂；

· 校友重聚；

· 更换职业；

· 退休；

· 意义深刻的梦境。

当一个人的"觉醒体验"被触发，他会感知到死亡近在咫尺，感知到自己原来生活在一个充满变数的世界中时，他就再也无法回归到无忧无虑的状态中，继而开始持续焦虑。在死亡焦虑的折磨下，他会反复用各种方法试图让自己平静下来，回到之前的状态。例如，反复去医院检查身体、出门反复观察可能出现的危险、异常警觉、反复确认自己不会被配偶抛弃等。

亚隆认为，人们对于死亡的恐惧与这个人虚度人生的程度成正比，一个人越蹉跎岁月，就越害怕死亡。

关于战胜死亡焦虑，他给出了几个方法。

1. 思考自己的波动影响。波动影响是指一个人对于周围人的影响就如同水中的涟漪一样会一圈一圈散开，非常深远。即使我们死去，这些影响也会被周围人一层一层地传递。仔细思考你会给周围人带来怎样的波动影响？你希望其他人以怎样的方式记住你？

2. 找个人聊聊你的死亡焦虑。找个朋友聊聊天，谈谈你的死亡焦虑，仅仅是聊天就可以，不用对方给出任何建议，仅仅体验"我跟你在一起"的感觉就有助于克服焦虑。

3. 遗憾练习。想象一下，5 年后、10 年后、20 年后对你来说最遗憾的是什么？怎么避免？

4. 思考你的墓志铭。你想怎样书写自己的墓志铭？你希望传递给这个世界怎样的声音？你希望你的一生是怎样的？思考这些问题是一个自我探索的过程。

在历史的长河中，人的生命如同流星一般转瞬即逝。生命的长短无法衡量生命的价值，能够衡量生命价值的是人生是否有意义。从这个角度看待生死，就很容易看得透彻。

最后，希望你在以后的人生中，可以活出真正的自己，让每一天都丰富多彩。

092

故事的力量

故事，是人类文化的精髓，影响我们理解世界的方式。寂静的夜晚，孩子听着母亲讲的故事入睡；疲惫的旅人在篝火旁聆听古老的传说。大人和小孩都容易被电影、小说中的情节吸引。但你有没有想过，为什么我们的大脑如此喜欢故事？

首先，我们需要了解故事对我们的大脑有何影响。当我们听到一个故事时，我们大脑中处理语言的区域会被激活，理解故事中的事件和情绪的相应区域也会被激活。这就是我们在听到或阅读故事时会有身临其境的感觉的原因。

其次，故事可以引发我们的情绪反应，使我们对故事中的人物产生共情。这是因为大脑中有一种特殊的神经元，被称为"镜像神经元"，它会在我们观察他人的行为或情绪时被激活，使我们能够理解和共享他人的体验。这就是为什么我们会在看到电影中的人物哭泣时感到难过，在看到他们取得成功时感到开心。

再次，故事还能帮助我们更好地理解和记忆信息。当信息被呈现为一个连贯的故事，而不是一系列独立的事实时，我们更容易记住它。这是因为故事能提供更多的上下文线索，帮助我们在大脑中建立更紧密的记忆网络。

不仅如此，故事还能影响我们的想法和行为。一个引人入胜的故事能改变我们的信念，激发我们的灵感，甚至促使我们采取行动。这是因为故事能触动我们的情感，而我们的决策往往受情感影响。

093

没有边界感的关系，是一场社交灾难

提到边界感，不得不讲一下刺猬效应。在寒冷的冬天里，有两只刺猬想要相依取暖，但它们一开始由于靠得太近，各自的刺把对方扎得鲜血淋漓。后来它们调整了姿势，拉开了适当的距离，这样不仅能够取暖，还很好地保护了彼此。

刺猬效应很好地揭示了人与人之间相处的秘诀。很多人可能都曾错误地以为，和他人靠得越近，关系越好。但事实上，两个人的距离过近，可能会伤害彼此，保持适当的距离，关系才能长远。

说到这里，你是不是也回想起了一些没有边界感的相处模式。比如，过年的时候家里聚餐，有的亲戚一直不停地追问你月薪是多少、有没有对象、什么时候结婚；要好的朋友总是想让你陪她干所有事，两人形影不离，不管你是不是工作完很累，需要休息；父母不顾你的意愿，把他们认为好的都强加给你。

边界感就像一条线，不仅让双方保持更合理的距离，拥有独立的空间，也解决了彼此拉扯，相互消耗的问题。在生活中没有边界感，是一件很可怕的事情。你会长期感觉不堪重负，时间总是不够用，还会觉得自己不自由，甚至是被利用，经常被愤怒、消沉、沮丧等负面情绪包围。长此以往，你可能会选择比较极端的处理方式。比如，与对方大吵一架，然后切断与对方的联系。

那如何建立边界感呢？首先，尊重别人，也尊重自己。每个人都是独立的个体，有自己的想法和见解，可以自己决定认同什么，反对什么。所以你需要尊重他人的意愿，不强迫他人做出改变；也要尊重自己，关注自己的情绪与感受，如果他人让你觉得焦虑、压抑，那么你可以表达出来，并提出自己的诉求。其次，课题分离。每个人都有自己要面对的课题，如果你强迫自己背负上本应他人承担的责任，难免会忧虑和烦恼。你可以在自己能承受的范围内，给予对方帮助和支持；但如果超越了自己可承受的范围，就不需要一味地消耗自己来帮助别人。再好的关系也需要边界感。亲疏有度，才能久处不厌。

094

生命的价值完全取决于自己

在一次讨论会上，一位知名的商人高举一张 100 美元的钞票，面对众人。他问："谁要这 100 美元？"所有人都举起了手。他接着说："我打算将这 100 美元送给你们其中的一位，但在此之前，我要做一件事情。"说着，他将钞票揉成一团，然后问："谁还要？"众人仍一一举起了手。他又说："那我这样呢？"只见他把钞票扔到了地上，又踩上一脚，并且用脚撵它。而后他拾起钞票问："现在谁还要？"众人又纷纷举起了手。

他说："朋友们，你们已经领悟了人生的意义。无论我

如何对待这张钞票，你们还是想要它，因为它并没有贬值，它依旧是 100 美元。"

在人生的道路上，我们会无数次被碰到的困难打击，但无论发生什么，生命的价值并不会因为我们曾失败而贬值，生命的价值取决于我们自身。

生命，是自然交给人类雕琢的宝石。即使我们遭遇挫折和失败，也并不代表我们的人生将从此一文不值。生命的价值在于接受自己、相信自己，最终活出自己的辉煌与震撼。

095

决策疲惫

　　我们每天都要面临各种决策，从琐碎的选择（穿哪件衣服、吃什么早餐）到重要的人生抉择（换工作、结婚）。随着一天中决策的累积，我们会渐渐感到疲惫。这种现象被称为"决策疲惫"，是心理学家在研究人类决策过程时发现的一个重要概念。

　　具体来说，决策疲惫是指在长时间做决策的过程中，我们的认知资源逐渐耗尽，导致决策能力下降、冲动行为增加以及工作效率降低的现象。做决策是一个消耗认知资源的过程，特别是在涉及权衡不同选择和分析大量信息时。

决策疲惫会影响到我们生活的各个方面。在工作方面，决策疲惫可能导致我们做出错误的决策，进而影响工作效率；在健康方面，决策疲惫可能会让我们更容易选择不健康的生活方式，如暴饮暴食、熬夜等；在人际关系方面，决策疲惫可能会让我们失去理智，做出冲动的行为，甚至可能伤害其他人。

那么，如何减少决策疲惫对我们的影响呢？

1. 减少决策次数。尽量减少每天做不重要的决策的次数。例如，我们可以提前规划好一周的饮食、穿衣等，让大脑有更多的精力做重要的决策。

2. 制订计划。提前制订计划，可以减少临时决策带来的负担。

3. 优先做重要决策。争取在精力充沛的时候做重要决策，例如早上或午休后。

4. 学会休息。适时休息可以帮助大脑恢复精力，提高决策能力。

5. 培养良好的生活习惯。保持充足的睡眠，坚持健康的饮食习惯和规律的运动，有助于我们提高决策能力和抵抗决策疲惫的影响。

096

改变行为模式，改变人生

每个人都有自己的行为模式。有三个小孩来到动物园，当他们站在狮子笼前时，一个孩子躲在母亲背后全身发抖地说："我要回家！"而第二个孩子则站在原地颤抖地说："我一点都不怕！"第三个孩子则目不转睛地盯着狮子，并问："妈妈，我能不能向它吐口水？"事实上，这三个孩子都感觉到了自己处于劣势，但每个人依照自己的行为模式做出了不同的反应。

一个人的行为模式是其潜意识的反映。每个人潜意识中的信念不同，导致行为模式也各不相同。

行为模式本无对错，但不可否认的是，一个人的行为模式是决定他能否取得成就的重要因素。也就是说，如果一个人能够改变自己的行为模式，那就有可能重新书写自己的人生。而改变行为模式的关键就是树立正确的信念。如果一个人总认为自己一事无成，这样的信念就会使他自我厌恶和绝望，进而觉得自己对什么事都无能为力，做什么都没有信心；相反，一个在做事之前就确信自己一定能成功的人，必将在过程中努力克服重重阻碍，取得胜利。

　　因此，我们不必羡慕他人的才能，也不需要哀叹自己的平庸，每个人都有自己独特的信念和行为模式。对我们来说，最重要的是认识自己的信念，并对它加以改进，使自己的行为模式更加成熟且从容。

097

所谓才能，就是相信自己

想成功和能成功之间，有一个关键的影响因素，就是自我效能感。

自我效能感是由美国心理学家阿尔伯特·班杜拉（Albert Bandura）提出的。他认为，人们的行为和情感状态受到他们对自己能力的信念的影响。当人们相信自己能够成功完成某项任务时，他们会更有动力去尝试，更有信心克服困难，因此更有可能完成任务；相反，当人们认为自己不能成功完成任务时，就会感到无助和沮丧，甚至放弃尝试，因此更容易失败。

所以说，相信自己，相信自己的力量，是成功的开始。以下 5 种方法有助于你培养和提升自我效能感，树立信心。

1. 准确评估自己的能力。了解自身的优点和潜力，正视自己的不足，以积极的态度迎接挑战，寻求成长和进步。例如，如果你擅长驾驭文字，不擅长演讲，那么你可以在工作中多争取做文字工作的机会，这样的工作对你来说游刃有余。但这并不意味着你需要回避所有的演讲机会，在演讲表现不理想时，你应该认识到这本就是自己的薄弱项，不必妄自菲薄，在后续工作中多锻炼、多提升即可。

2. 设定明确的目标。设定具体、可行的目标是激发内在自我效能感的关键。合理规划达成目标的步骤和时间，一步步克服困难，是取得胜利的前提。例如，如果你想晋升到某个职位，你可以按季度设定目标，如提升某项核心技能、完成某个重要项目等，并在每个季度结束时复盘。

3. 持续学习与成长。不断学习新知识和新技能是培养自我效能感的重要途径。通过学习和培训，扩充自己的知识，提升技能，不断成长。同时，以积极的心态接受挑战和面对失败，并从中汲取经验和教训。举个例子，如果你想提升自己在市场营销方面的能力，可以参加相关的培训课程、阅读专业书籍，并将所学知识应用到实际工作中，逐渐提高自己的专业水平和职业自信。

4. 寻求支持与合作。与志同道合的人分享目标和挑战，倾听他们的建议和意见。在困难时，他们的鼓励和支持将为你提供强大的动力，让你坚信自己能够克服困难，实现目标。你可以主动参与团队活动、与同事合作完成项目，建立良好的合作关系，并相互分享经验和知识，从而提高工作效率。

5. 寻求积极反馈。与同事、上级交流，寻求他们的反馈和建议。如果你参与了一个团队项目，可以主动向领导请教并接受他们的建议和指导，以优化自己的工作表现和职业能力。

如果你想要成功，那么你从现在开始就要学着相信自己，相信自己内在的力量。当你足够相信自己时，你就更容易展现出自己最好的一面，也更有可能创造出精彩的人生旅程！

098

摆脱过度依赖，重获内在自由

过度依赖是一个让许多人困扰的难题，它可能会使我们失去自主性和自信，对自己的思考能力产生怀疑。这会严重影响我们的心理健康，限制我们的成长和发展。

过度依赖的出现源于我们对安全感的追求。在生活中，我们经常面临各种不确定和挑战，而依赖他人支持、物质支持、情感支持可以带给我们安全感。可问题在于，当我们过分依赖外部力量时，我们会逐渐失去独立思考和决策的能力。我们会过分重视他人的意见和决定，变得越来越无法自主应对生活中的种种问题。

过度依赖的形成可能与我们童年时期的经历有关。如果我们在成长过程中缺乏稳定的情感支持或缺乏独立解决问题的机会，我们就容易产生过度依赖的倾向。另外，自我价值感低和对现实问题的逃避也是造成过度依赖的原因之一。我们可能难以相信自己可以独立地面对生活的挑战，因此希望通过过度依赖来获得安全感和满足感。

过度依赖也会给我们的人际关系带来压力。过度依赖他人的支持，可能会导致我们与他人的关系变得紧张和疏远。此外，过度依赖还容易导致我们的情绪出现波动以及焦虑加剧，因为我们过于依赖他人的认可和赞许，所以在无法获得他人的认可和赞许时，我们就会产生情绪问题。

那么，如何战胜过度依赖，重新获得内在的自由呢？首先，我们需要意识到自己的过度依赖问题。我们可以反思自己的行为和决策，来觉察自己是否过于依赖他人的意见。其次，建立健康的个人边界。我们需要明确自己和他人之间的界限，学会独立思考，做出决策。这不意味着完全孤立自己，而是在交流和合作中保留自己独特的个性和观点。最后，提升自我价值感。我们需要相信自己有能力独立解决问题、面对挑战。我们可以通过制定小目标并逐步实现它们来提升自我价值感。每次取得成就都会增强我们的自信，从而降低对外界支持的过度依赖程度。

　　摆脱过度依赖是一个复杂而艰难的过程，需要我们持续努力和付出。在这个过程中，我们要给自己一些耐心和宽容，不要过于苛求自己，要接纳自己的缺点和不完美，相信自己可以重新获得内在的自由和成长。

099

幸福感，治愈人生的良药

在寻求幸福的道路上，我们时常会发现这条道路并不像想象的那样平坦。相反，幸福像是一个谜团，需要我们不断探索。

在探讨关于幸福的心理学知识之前，我们首先需要理解什么是幸福。这个问题的答案并不简单。幸福的定义因文化、历史和个人经历的差异而变化。然而，有一点是大多数人能够达成共识的，那就是幸福并不仅仅是一种短暂的、快乐的情绪状态，而是一种持久的、深度的满足感。

心理学家在研究幸福时，创造了一个重要的模型，那就是 PERMA 模型。这个模型由五个要素组成，分别是：

正面情绪（Positive Emotion）、参与感（Engagement）、人际关系（Relationships）、意义感（Meaning）和成就感（Accomplishment）。这些要素并非独立存在，而是互相影响，共同塑造了我们的幸福感。

在我们的日常生活中，这五个要素对我们的幸福感有着直接的影响。例如，当我们沉浸式参与一项自己热爱的活动时，我们会因体验到参与感而感到幸福；假期与三两个好友相聚时，我们会因和谐的人际关系而感到幸福；突然找到一个更合适的目标时，我们会因拥有了意义感而感到幸福；当工作突出被嘉奖时，我们会因获得了成就感而感到幸福。

幸福感既可以滋养我们的内心，也会影响我们的健康。研究发现，幸福感较高的人更能抵抗压力，更不容易患上焦虑症或者抑郁症。这是因为当我们感到幸福时，我们的大脑会释放出一种叫作多巴胺的神经递质，这种神经递质有助于我们保持身心健康。

那么，如何提升幸福感呢？

第一，增加自己的积极情绪。比如，我们可以多去感恩生活中的美好经历，让自己多观察、留意、欣赏生活中的美好事物。这种对生活的正面觉察可以帮助我们增加积极情绪。

第二，多参与自己热爱的活动，让自己能够更快乐地生活。如果我们每天忙于工作而忽略了自己的爱好，那么从现在开始每天或者每周给自己的爱好留一点时间和空间，让自己在投入和沉浸中感受快乐。

第三，告别无效社交，在关系中安放自己的喜怒哀乐。很多人看似拥有许多朋友，但在自己烦恼时能够倾诉的人却寥寥无几。这种人际关系对个人来说是一种负担。阿德勒说："我们所有的烦恼都来自人际关系。"经营每一段关系都需要耗费心力。如果我们的人际关系让自己感觉疲惫，或许我们就需要在人际关系方面做减法了，主动放弃一些无效社交，将精力放在有限的几段关系上，对于提升幸福感是有益的。

第四，找到自己生活的意义，设定目标，并为之努力。一个人只有找到了自己生活的意义，有了目标，才会有日日是新日的新鲜感，才能告别明日复明日的乏味感。

100

别因为他人的态度影响自己的心情

哈理斯和朋友在报刊亭买报纸，朋友礼貌地对报刊亭老板说了声"谢谢"，但老板却冷脸相对，不理不睬。

哈理斯问："这家伙态度很差，是不是？"

朋友答："他每天晚上都是这样的。"

哈理斯又问："那你为什么还是对他那么客气？"

朋友反问道："为什么我要让他决定我的心情和行为呢？"

别人说话态度差或许是他的一贯作风，或许是他现在心情不好，但是我们没有必要因为他而影响自己的心情和行为。

从另一个角度讲，一个人因为别人态度差而感觉自己的尊严受到了轻微的伤害，其实也是缺乏自信的一种表现。缺乏自信的人，内心敏感，斤斤计较，无法忍受尴尬和出糗，这是因为他们的心理能量不足，所以就很难化解这些负面场景。

当一个人心理能量充足时，当他真正拥有自信时，他绝不会在乎这些不值一提的细节，任何尴尬和糗事也都可以被他轻松化解，他也不会因为别人的一句话或冷漠的态度而影响了自己的好心情。